Sanierungshandbuch Plattenbau

Katalog
Instandsetzung und Modernisierung von vorgefertigten Außenwänden

Ergebnisse der Arbeitsgruppe »Außenwand«
des Bundesministeriums für Raumordnung, Bauwesen und Städtebau
unter Leitung von Prof. Dr. Erich Cziesielski,
Technische Universität Berlin, Institut für Baukonstruktion und Festigkeit,
und Dipl.-Ing. Inge Kohl, Bauingenieurbüro Kohl-Kollosche, Berlin.

IRB Verlag

FRAUNHOFER-INFORMATIONSZENTRUM RAUM UND BAU

STUTTGART

Sanierungshandbuch Plattenbau
Katalog Instandsetzung und Modernisierung von vorgefertigten Außenwänden

Ergebnisse der Arbeitsgruppe »Außenwand« des Bundesministeriums für Raumordnung, Bauwesen und Städtebau
unter Leitung von Prof. Dr. Erich Cziesielski, Technische Universität Berlin,
Institut für Baukonstruktion und Festigkeit, und Dipl.-Ing. Inge Kohl, Bauingenieurbüro Kohl-Kollosche, Berlin.

Zusammengestellt und bearbeitet von
Dipl.-Ing. Inge Kohl
Dipl.Ing.-Ök. Ina Kollosche
Bauingenieurbüro Kohl-Kollosche, Berlin

Erstellt unter Verwendung von Beiträgen von:
Dr.-Ing. Frank-Lothar Bartz, Ingenieurbüro BIB, Frankfurt (Oder)
Dr.-Ing. Peter Bauer, MFPA Bauwesen, Leipzig
Dr.-Ing. Norbert Bunke, Berlin
Prof. Dr.-Ing. Erich Cziesielski, Technische Universität Berlin
Prof. Dr. Dr. Jürgen Dreyer, Hochschule Wismar (FH)
Dr.-Ing. Hans-Jürgen Gaudig, BBP Bauconsulting, Berlin
Prof. Dr.-Ing. Manfred Gruber, Technische Universität Dresden, Institut für Baukonstruktion und Holzbau
Dipl.-Ing. Hans-Dieter Hegner, BMBau, Berlin
Dr.-Ing. Gerhard Hempel, MFPA Bauwesen, Weimar
Dipl.-Ing. Jörg Knackstedt, Eternit AG, Berlin
Dipl.-Ing. Inge Kohl, Bauingenieurbüro Kohl-Kollosche, Berlin
Dipl.-Ing.-Ök. Ina Kollosche, Bauingenieurbüro Kohl-Kollosche, Berlin
Dipl.-Ing. Kurt Lehmann, Ministerium für Raumordnung und Städtebau Sachsen-Anhalt, Magdeburg
Dipl.-Ing. Wolfgang Müller, Wohnungswirtschaft, Frankfurt (Oder)
Dipl.-Phys. Eckard Mulack, IEMB, Berlin
Dr.-Ing. Mathias Reuschel, MFPA Bauwesen, Leipzig
Prof. Dr.-Ing. Horst Sahlmann, HTWK, Leipzig

Alle Rechte vorbehalten

Die in diesem Werk gegebenen Darstellungen und Empfehlungen geben die fachliche Auffassung der Verfasser oder der beauftragten Forscher wieder. Sie werden unverändert übernommen und geben nicht unbedingt die Meinung des BMBau oder des Verlages wieder.

Umschlaggestaltung, Satz und Druck:
Satz- und Druckzentrum des Fraunhofer-Informationszentrums Raum und Bau, Stuttgart

Für den Druck des Buches wurde chlor-, und säurefrei gebleichtes Papier verwendet.

IRB Verlag
Fraunhofer-Informationszentrum Raum und Bau
Postfach 80 04 69, 70504 Stuttgart
Telefon (07 11) 9 70 - 25 00
Telefax (07 11) 9 70 - 25 08

Fassung: Oktober 1993
ISBN 3-8167-4139-8

Inhaltsverzeichnis

		Seite
1.	Einführung	7
⬛K 2.	Übersicht über die vorhandenen Außenwandkonstruktionen	8
2.1	Konstruktionsarten zugeordnet zu Wohnungsbautypen	8
2.2	Kelleraußenwände	10
2.3	Einschichtige Außenwände	12
2.4	Zweischichtige Außenwände	14
2.5	Dreischichtige Außenwände	15
2.6	Drempelelemente	20
2.7	Fugen	21
⬛S 3.	Typische Schadensbilder und deren Ursachen	23
3.1	Schäden durch stoffliche Veränderungen	23
3.1.1	Alkali-Kieselsäure-Reaktion und Sekundäre Ettringit-Bildung	23
3.1.2	Karbonatisierung und Korrosion	27
3.2	Schimmelpilzbildung	29
3.2.1	Ursachen	29
3.2.2	Begriffe	29
3.2.3	Entstehung von Schimmelpilzen	33
3.3	Bautechnische Schäden	35
3.3.1	Übersicht	35
3.3.2	Kelleraußenwände	36
3.3.3	Einschichtige Außenwände	37
3.3.4	Zweischichtige Außenwände	41
3.3.5	Dreischichtige Außenwände	43
3.3.6	Fugen	47

Seite

C | **4.** | **Checkliste zur Schadensdiagnose an Außenwänden** | **49**

4.1	Zweck der Schadensdiagnose	49
4.2	Bestandsaufnahme	50
4.2.1	Recherchen zum Gebäude bzw. zur Außenwand	50
4.2.2	Visuelle, zerstörungsfreie Prüfungen	51
4.2.3	Zerstörende bzw. zerstörungsarme Prüfungen	53
4.2.4	Erläuterungen und Kurzbeschreibung zu Prüfverfahren	55
4.2.4.1	Prüfung nach Augenschein	55
4.2.4.2	Prüfung der Benetzbarkeit von Betonoberflächen	55
4.2.4.3	Rißuntersuchungen	56
4.2.4.4	Ebenheitsmessungen	57
4.2.4.5	Infrarot-Thermografie	57
4.2.4.6	Bestimmung des Schichtaufbaus	59
4.2.4.7	Messung der Karbonatisierungstiefe	60
4.2.4.8	Zerstörungsfreie Prüfung der Druckfestigkeit	61
4.2.4.9	Messung der Betondeckung	62
4.2.4.10	Potentialdifferenzmessung	63
4.2.4.11	Haftzugfestigkeit/Abrißfestigkeit	64
4.2.4.12	Verbundfestigkeit zwischen Betonschichten	65
4.2.4.13	Wassereindringung	66
4.2.4.14	Druckfestigkeitsprüfung (zerstörend)	67
4.2.4.15	Fluoreszenz-Test an Bohrkernbruchflächen	69
4.2.4.16	Messung der Ettringit-Bildung	69

		Seite
4.2.4.17	Beurteilung der Verbindungsmittel zwischen Trag- und Wetterschutzschicht	69
4.2.4.18	Salzanalyse	70
4.2.4.19	Gravimetrische Feuchteprüfung	71
4.3	Zusammenfassende Beurteilung des Bauzustandes	72

M 5. Maßnahmen zur Instandsetzung und Modernisierung von Außenwandkonstruktionen — 73

5.1	Übersicht und Begriffsbestimmung	73
5.2	Instandsetzung	75
5.2.1	Putzinstandsetzung	77
5.2.2	Betoninstandsetzung	78
5.2.3	Oberflächenschutz	83
5.2.4	Rißbeseitigung	85
5.2.5	Fugeninstandsetzung	86
5.3	Modernisierung	90
5.3.1	Übersicht zu Modernisierungsmaßnahmen bei Außenwänden	90
5.3.2	Vorgehängte, hinterlüftete Außenwandbekleidung	90
5.3.2.1	Begriffsbestimmungen	90
5.3.2.2	Standsicherheit	91
5.3.2.3	Wärmeschutz	94
5.3.2.4	Witterungsschutz im Bereich von offenen Fugen	97
5.3.2.5	Brandschutz	97
5.3.2.6	Schallschutz	98
5.3.2.7	Gebrauchstauglichkeit	100
5.3.3	Wärmedämmverbundsystem (WDVS)	102

Seite

5.3.3.1	Übersicht	102
5.3.3.2	Standsicherheit	104
5.3.3.3	Wärmeschutz	106
5.3.3.4	Brandschutz	107
5.3.3.5	Schallschutz	107
5.3.4	Verankerung von hinterlüfteten Außenwandbekleidungen und Wärmedämmverbundsystemen	109
5.3.4.1	Voruntersuchungen	109
5.3.4.2	Verankerungen in dreischichtigen Außenwänden	109

Literaturverzeichnis 112

Anlage   Deutsches Institut für Bautechnik (DIBt) Berlin: Auszug aus dem Verzeichnis der allgemeinen bauaufsichtlichen Zulassungen für Verankerungen und Befestigungen. Stand September 1993

1. Einführung

Nach 1958 sind in den neuen Bundesländern ca. 2,4 Millionen Wohnungen und davon ca. 2,1 Millionen Wohnungen in industrieller Bauweise errichtet worden.

Bei einer Reihe von Gebäuden sind Schäden in Abhängigkeit von ihrer Standzeit und ihrer Konstruktion festgestellt worden, deren Behebung vordringlich ist, um den Bestand zu bewahren. Für Gebäude mit überwiegend ein- und zweischichtigen Außenwänden ist darüber hinaus die Erhöhung des Wärmeschutzes zwingend erforderlich - aber auch bei dreischichtigen Außenwänden wird eine zusätzliche Wärmedämmung häufig notwendig sein, um spätere Schäden auszuschließen.

Die vorliegende Ausarbeitung faßt die wesentlichen Konstruktionsarten der Außenwand zusammen und soll, aufbauend auf Erfahrungen bisheriger Untersuchungen, als Grundlage für Instandsetzungs- und Modernisierungsmaßnahmen dienen. **Der Katalog kann nicht die genaue Untersuchung der Außenwände im Einzelfall am konkreten Gebäude und die Hinzuziehung von Fachleuten ersetzen.**

Um die Außenwände instandzusetzen und zu modernisieren, müssen neben der Konstruktionsart auch die Ursachen der Schäden und Mängel bekannt sein. Die Schadensdiagnose dient zur Feststellung und Beurteilung der Instandsetzungsnotwendigkeit als Voraussetzung für ein Instandsetzungskonzept. Darin sind unter Beachtung der zur Verfügung stehenden finanziellen Mittel der Umfang und die Prioritäten (Dringlichkeiten) der Instandsetzungs- und Modernisierungsmaßnahmen festzulegen.

Der vorliegende Katalog ist Bestandteil einer umfangreichen Serie von Informationsbroschüren und Arbeitshilfen des BMBau.

Für Hinweise und Anregungen zur weiteren Verbesserung und Vervollständigung der Materialien sind Bearbeiter und Herausgeber dankbar.

| KATALOG AUSSENWAND | Seite 8 | K |
| Außenwandkonstruktionen | | |

2. Übersicht über die vorhandenen Außenwandkonstruktionen

2.1 Konstruktionsarten zugeordnet zu Wohnungsbautypen

Zur Deckung des Wohnungsbedarfes wurde ab ca. 1950 konsequent die industrialisierte Bauweise eingesetzt. Sie durchlief eine stetige Entwicklung, die durch die Kapazität der Hebzeuge und durch technologische Entwicklungen geprägt war. Auch die Konstruktion der Außenwände änderte sich zwangsläufig; die folgende Systematisierung der Außenwandkonstruktionen (siehe Tabelle 2.1) erfolgt zugehörig zu dem im Laufe der Zeit entwickelten Wohnungsbautypen. Mit der Systematisierung soll erreicht werden, daß jedem Gebäudetyp eine bestimmte Außenwandkonstruktion zugeordnet werden kann, wenn die Schichtenanzahl, die Solldicke der einzelnen Schichten sowie die Rand- und Fugenausbildung bekannt sind.

An dieser Stelle wird nochmals darauf hingewiesen, daß im Einzelfall der Wandaufbau im Detail untersucht werden muß, weil es des öfteren während der Produktion und der Montage zu Abweichungen gegenüber dem Sollzustand gekommen ist.

Die Tabelle 2.1 gibt einen Überblick über vorhandene Außenwandkonstruktionen zugeordnet zu den Bauweisen und Wohnungsbautypen. Ergänzend wird der Tabelle hinzugefügt, in welchen nachfolgenden Abschnitten die Konstruktionsarten, Schäden und Ursachen detailliert dargestellt sind.

Die Keller- und Drempelelemente wurden in Tabelle 2.1 nicht berücksichtigt.

KATALOG AUSSENWAND — Seite 9

Außenwandkonstruktionen

Tab. 2.1: Zuordnung der Außenwandkonstruktionen zu Bauweisen und Wohnungsbautypen

Bauweise / Typ	Längsaußenwand Anzahl der Schichten			Giebel Anzahl der Schichten			Fugen einstufig gedichtet mit Mörtel	Fugen einstufig gedichtet mit Dichtungsmasse	Fugen zweistufig gedichtet
	1	2	3	1	2	3			
Blockbau									
– L4, L57	x			x			x		
– Q3A (Berlin)	x			x			x		
– Markkleeberg/Brandenburg	x			x			x		
– Ratio Brandenburg (11 kN)	x					x		x Längswand	x Giebel
Streifenbau									
– Qx	x			x				x	
– Magdeburg	x			x				x	
– Porenbeton Schwerin	x					x	x Längswand		x Giebel
Plattenbau									
– P1	x			x			x		
– P2									
* mehrgeschossig									
(1) typisch		x				x		x Längswand	x Giebel
(2) Halle		x		x			x	x	
(3) Berlin		x		x			x	x	
(4) Ratio			x			x			x
* vielgeschossig									
(1)		x				x		x	x
(2)		x				x[1]		x	x
– Porenbeton Leipzig (WBS 70)	x					x	x	x	x Giebel
– P-Halle	x			x			x	x	
– QP 64	x			x			x	x	
– QP 71	x					x		x	
– WBS 70			x			x			x
– WHH			x			x		x	x
Erläuterung der Konstruktion im Abschnitt	2.3	2.4	2.5	2.3	2.4	2.5	2.6	2.6	2.6
Erläuterung der Schäden und Ursachen im Abschnitt	3.3.3	3.3.4	3.3.5	3.3.3	3.3.4	3.3.5	3.3.6	3.3.6	3.3.6

[1] Wetterschutzschicht 15 cm wurde gesondert montiert   () Varianten

2.2 Kelleraußenwände

Kelleraußenwände sind meist einschichtige, plattenförmige und tragende Wandelemente aus Beton oder Stahlbeton mit dichtem Gefüge. Zum Schutz gegen Witterung (Spritzwasserbereich) und Erdfeuchtigkeit wurden sie von außen überwiegend mit einem kaltstreichbaren Voranstrich und zwei heißflüssigen Deckschichten auf Bitumenbasis versehen.
Bei Vorhandensein bindiger Böden wäre eine Abdichtung gegen drückendes Wasser bzw. eine Dränung erforderlich gewesen; diese Maßnahmen sind jedoch meistens nicht ausgeführt worden, so daß Durchfeuchtungsschäden im Kellerbereich in diesen Fällen häufig aufgetreten sind.

In geringem Umfang sind auch andere Kelleraußenwandkonstruktionen ausgeführt worden, z.B. gemauerte Kelleraußenwände (2) oder Kelleraußenwände mit außenseitiger Wärmedämmung (3) und wassersperrendem Putz bzw. dreischichtige Außenwände (4).

Die Höhe der Keller/Kelleraußenwände variiert zwischen 2,40 m und 2,80 m.
Typische Längenmaße der Elemente sind : 2,40 m; 3,00 m; 3,60 m; 4,80 m.

KATALOG AUSSENWAND Seite 11

Außenwandkonstruktionen

Lfd. Nr.	Wandaufbau	Querschnitt	Anwendungsbereich Zeitraum
(1)	Einschichtig 1 Normalbeton (überwiegend in Fertigteil-bauweisen)	① i / a 15-29	Blockbauweise Streifenbauweise Plattenbauweise
(2)	Einschichtig 1 Ziegelmauerwerk 2 Putz	② ① ② i / a 1 36,5 2 39,5	Blockbauweise - Q3A, Berlin 1958 - 1965
(3)	Zweischichtig 1 Normalbeton 2 HWL-Platte oder Mineralwolle 3 wassersperrende Putzschicht	① ②③ i / a 24 2,5 2,5 29	Plattenbauweise - WBS 70/5 Leipzig, ab 1974
(4)	Dreischichtig 1 Normalbeton 2 PS oder HWL 3 Normalbeton (entsprechend dreischichtiger Außenwandplatte)	① ②③ i / a 14-15 5-6 6 26	Plattenbauweise - Rostock ab 1971 - Frankfurt/O. ab 1984 nur bei Wohnbauten, bei denen die Funktionen des Kellers im Erdgeschoß (über o.K. Erdreich) angeordnet sind.

KATALOG AUSSENWAND	Seite 12	**K**
Außenwandkonstruktionen		

2.3 Einschichtige Außenwände

Einschichtige Außenwände kamen in allen Bauweisen (Block-, Streifen-, Plattenbauweise) zur Anwendung. Sie sind zumeist aus Leichtbeton. Die Außenwandelemente wurden sowohl innen als auch außen nach der Montage geputzt oder sie sind entsprechend der Entwicklung der Bauweisen in den letzten Jahren oberflächenfertig hergestellt worden. Als Witterungsschutz dienen Putze, Anstriche und Keramikbeläge.

Bei der Elementegröße wird zwischen Blöcken (Hauptabmaße 1,20 m x 1,20 m) und geschoßhohen Elementen, die für die Streifen- und Plattenbauweise typisch sind, unterschieden.

Lfd. Nr.	Wandaufbau	Querschnitt	Anwendungs- bereich Zeitraum	Wärmedurch- laßwider- stand $1/\Lambda$ [$m^2 \cdot K/W$]	Feuer- widerstands- klasse (nach DIN 4102 T. 4)	Bewertetes Schalldämm- maß R'_w (nach DIN 4109 Bbl.1) [dB]
(1)	1 Leichtbeton mit - Hüttenbims - Hochofenschlacke - Ziegelsplitt - Zement ϱ = 1250 - 1500 kg/m³ nicht oberflächen- fertig, nach Montage innen (1,5 cm) und außen (2,0 cm) geputzt	i ① a 25,5- 27,5	Blockbauweise - Brandenburg 1964 - 1989 - Markkleeberg 1964 - 1989 - Q3A Berlin 1956 - 1965	0,40 - 1,08* * bei Beklei- dung des Giebels mit 2 cm Putz und Faserzement- platten	F 180 A	52
(2)	1 Leichtbeton mit - Blähton - Brechsand - Zement ϱ = 1100 - 1500 kg/m³ oberflächenfertig mit Putzschicht innen und außen	i ① a 3 23 3 29	Blockbauweise/ Streifenbauweise - Potsdam und Magdeburg 1964 - 1989 - Qx - Berlin 1963 - 1965	0,40 - 0,70	F 180 A	51

KATALOG AUSSENWAND   Seite 13

Außenwandkonstruktionen

Lfd. Nr.	Wandaufbau	Querschnitt	Anwendungs-bereich Zeitraum	Wärmedurch-laßwiderstand $1/\Lambda$ [$m^2 \cdot K/W$]	Feuer-widerstands-klasse (nach DIN 4102 T. 4)	Bewertetes Schalldämm-maß R'_w (nach DIN 4109 Bbl.1) [dB]
(3)	1 Leichtbeton mit - Blähton - Brechsand - Zement $\varrho = 1250 - 1300$ kg/m³ oberflächenfertig mit Putzschicht innen und außen		Plattenbauweise (mehrgeschossig) - P1 1958 - 1970 - P2 (Giebel) 1966 - 1975 - P - Halle 1964 - 1986	0,40 - 0,65	F 180 A	48 - 52
(4)	1 Leichtbeton mit - Hochofenschlacke - Hüttenbims - Ziegelsplitt - Naturbims - Blähton - Blähschiefer $\varrho = 1250 - 1500$ kg/m³ oberflächenfertig mit Feinbetonschicht innen und Keramik in Feinmörtelschicht außen		Plattenbauweise (vielgeschossig) - QP 64 1965 - 1973 - QP 71 (Längswand) 1973 - 1983	0,40 - 0,55	F 180 A	51 - 53
(5)	1 Porenbeton $\varrho = 700$ kg/m³ ab 1980 $\varrho = 600$ kg/m³ Brüstungs- und Pfeilerelemente mit Putzschicht innen und über-strichenem Glas-seidenmischgewebe oder Putzschicht außen		Streifenbauweise - Schwerin - Rostock - Neubrandenburg - Magdeburg 1968 - 1989 (Werk Parchim)	s = 24 cm 1,05 - 1,15 s = 30 cm 1,45	F 180 A	41 - 43
(6)	1 Porenbeton $\varrho = 700$ kg/m³ ab 1980 $\varrho = 600$ kg/m³ aus einzelnen, be-wehrten, streifen-förmigen Elementen zusammengeschraubte Wand; außen mit Kunst-harzputz		Plattenbauweise - Leipzig 1975 - 1987 (Werk Laußig)	1,05 - 1,20	F 180 A	i.M. 41

KATALOG AUSSENWAND	Seite 14	**K**
Außenwandkonstruktionen		

2.4 Zweischichtige Außenwände

Die zweischichtigen Geschoßaußenwandelemente sind plattenförmige, tragende Elemente aus Normalbeton/Leichtbeton mit einer innen- oder außenliegenden Wärmedämmung.
Die Platten sind geschoßhoch und vorzugsweise 2,40 m, 3,60 m und 6,00 m lang.
Zweischichtige Außenwände kommen in der Plattenbauweise von mehr- und vielgeschossigen Wohngebäuden zur Anwendung.

Lfd. Nr.	Wandaufbau	Querschnitt	Anwendungs-bereich Zeitraum	Wärmedurch-laßwider-stand $1/\Lambda$ [m²·K/W]	Feuer-wider-stands-klasse (nach DIN 4102 T. 4)	Bewertetes Schalldämm-maß R'_w (nach DIN 4109 Bbl.1) [dB]
(1)	mit innenliegender Wärmedämmung 1 Putz 2 HWL 3 Normal- oder Leichtbeton 4 Oberfläche, be-kiest, Feinbeton mit Keramik oder Sichtbeton mit Anstrich	① ② ③ ④ i a 1,5/2 | 5 | 14-15,5 | 15/2 22-24	Plattenbauweise - P2 1966 - 1989 - Giebelwände für Block-bauten in Cottbus/ Hoyerswerda, Leipzig 1965 - 1989	0,55 - 0,65	F 90 A	54
(2)	mit außenliegender Wärmedämmung 1 Putz 2 Normalbeton 3 HWL 4 Feinbetonschicht	① ② ③ ④ i a 15 | 20 | 5 | 2,5 29	Plattenbauweise - P2 Cottbus	0,55	F 180 A	54

KATALOG AUSSENWAND Seite 15

Außenwandkonstruktionen

2.5 Dreischichtige Außenwände

Der überwiegende Anteil der in industrieller Bauweise errichteten Wohnbauten (ca. 65 %) ist mit dreischichtigen Außenwandplatten ausgeführt worden.

Der Übergang von der ein- und zweischichtigen Außenwand zur dreischichtigen Außenwand stellt eine Verbesserung des Wärme- und Feuchteschutzes dar.

Die dreischichtigen Geschoßaußenwandelemente sind plattenförmige, tragende Elemente aus Normalbeton mit einer Wärmedämmschicht und einer außenseitigen Wetterschutzschicht.

Lfd. Nr.	Wandaufbau	Querschnitt	Anwendungsbereich Zeitraum	Wärmedurchlaßwiderstand $1/\Lambda$ [$m^2 \cdot K/W$]	Feuerwiderstandsklasse (nach DIN 4102 T. 4)	Bewertetes Schalldämmmaß R'_w (nach DIN 4109 Bbl.1) [dB]

(1)	1 Tragschicht aus Normalbeton
	
	2 Wärmedämmung aus Polystyrol oder Mineralfaserdämmplatte
		14-15 | 5-6 | 6 | 26	Plattenbauweise
			- WBS 70
			  1972 - 1990
			- P2 - Ratio
			  1976 - 1989
				1,35 - 1,45	F 90 A	54 - 55

	3 Wetterschutzschicht aus Normalbeton - bekiest - besplittet - keramische Bekleidung - Strukturbeton	10-19 | 5-6 | 6 7 | 21-32	- Wohnhochhäuser 1969 - 1989		F 120 A - F 180 A	52 - 57

		15 | 5 | 10-15 | 30-35	- P2-Giebelwand (vielgesch.)
			  1965 - 1986
			- QP 71-Giebelwand
			  1973 - 1985
					F 90 A	57 - 59

| KATALOG AUSSENWAND | Seite 16 | **K** |

Außenwandkonstruktionen

Funktionen der einzelnen Schichten:

- Innenschicht   Lastübertragung und Wärmespeicherung
- Mittelschicht   Wärmedämmung
- Außenschicht   Witterungsschutz und Sichtflächengestaltung

Vorzugslängenmaße der geschoßhohen (2,80 m) Platten sind:
2,40 m; 3,00 m; 3,60 m; 4,80 m; 6,00 m.

Verankerung zwischen Wetterschutzschicht und Tragschicht

Die Verbindung zwischen der Wetterschutzschicht und der Tragschicht geschieht durch Traganker und sogenannte Nadeln aus nichtrostendem Stahl. - Die Traganker haben im wesentlichen die Aufgabe, die Eigenlast der Wetterschutzschicht in die Tragschicht zu übertragen, während die Nadeln zur Übertragung der auf die Wetterschutzschicht einwirkenden Windsoglasten dienen.

Ebenso wie der Schichtenaufbau der Außenwände einer häufigen Veränderung unterlag, waren die Traganker und Nadeln mehrfach - auch unter dem Gesichtspunkt der Einsparung von Edelstahl - in ihrer Form verändert worden.

Zum Einsatz kamen
- Ankerelemente aus Edelstahl oder edelstahlsparender Verbundkonstruktion,
- Stahlbetonkonsolen

und Nadeln aus
- Edelstahl,
- oberflächenbeschichtetem Bewehrungsstahl (selten und zeitlich begrenzt).

Ein Überblick über die konstruktive Ausbildung der Verankerungselemente wird in der nachfolgenden Tabelle gegeben /2/.

KATALOG AUSSENWAND   Seite 17

Außenwandkonstruktionen

Konstruktionslösung (schematische Darstellung)	Konstruktionsregeln, Hinweise
	1. Modifizierter WBS-Anker 65° (WBK Potsdam, WBK Karl-Marx-Stadt) - höhere Tragfähigkeit gegenüber 45°-Anker - flächenförmige Endverankerung wurde belassen - Schnittlänge l_s = 1005 mm 2. WBS-Anker 45° zum Vergleich - Schnittlänge l_s = 1045 mm
	3. Anker mit Druckstrebe (BK Leipzig, WBK Halle) - Tragfähigkeit durch Versuche bestätigt - günstige Wirkung aufgrund der "Druckstrebe" - Zusammenschluß zu Ankergruppen als Bewehrungseinheit (d.h. **nicht** als Einzelanker) - Schnittlänge l_s = 670 mm

	4. Hänge-Verbund-Anker 60°
	 (WGK Frankfurt/O., sinngemäß auch WBK Gera)
	 - edelstahlsparende Verbundkonstruktion X 5 Cr Ni N 18.10 nach TGL 7143 mit St A-I
	 - Schnittlängen
	     Edelstahl l_s = 580 mm
	     St A-I l_s = 380 mm

	5. Traganker (Dresden - Gorbitz)
	6. Verbund-Anker (WBK Rostock 1976, WBK Gera) - Giebelelemente (ohne Öffnungen): Ankergruppe, mittig - Elemente mit Öffnungen: Anker über die Fläche verteilt
	7. Wetterschalenanker (WBK Erfurt 1977)
	8. Nadeln - Biegeform nach schematischer Darstellung - Anzahl: n = 1 Stück pro m² Bruttofläche, sofern keine genaueren Nachweise geführt wurden. - Material vorzugsweise ϕ 3, X 5 Cr Ni N 18.10 nach TGL 7143 bzw. PE-Beschichtung

| KATALOG AUSSENWAND | Seite 18 | |

Außenwandkonstruktionen

Die Anordnung der Anker in einem Außenwandelement mit bzw. ohne Fenster ist den folgenden Abbildungen zu entnehmen.

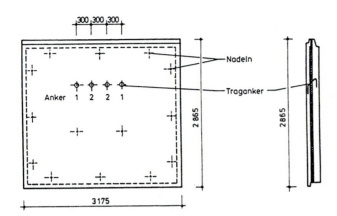

Traganker in einem Außenwandelement ohne Öffnungen

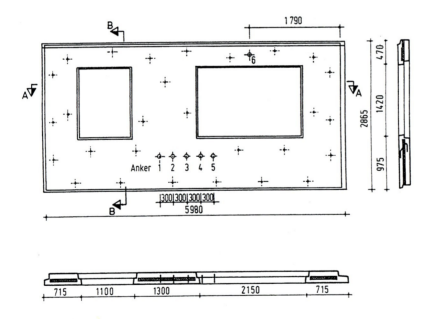

Traganker in einem Längswandelement mit Öffnungen

Zur Übertragung der Eigenlasten der Wetterschutzschicht sind mehrere Traganker angeordnet worden. Sie nehmen zusätzlich Beanspruchungen bei exentrischer Anordnung der Traganker gegenüber dem Schwerpunkt der Wetterschutzschicht und bei Zwängungsspannungen durch thermisch bzw. hygrisch bedingte Längenänderungen der Wetterschutzschicht auf.

| KATALOG AUSSENWAND | Seite 19 | K |

Außenwandkonstruktionen

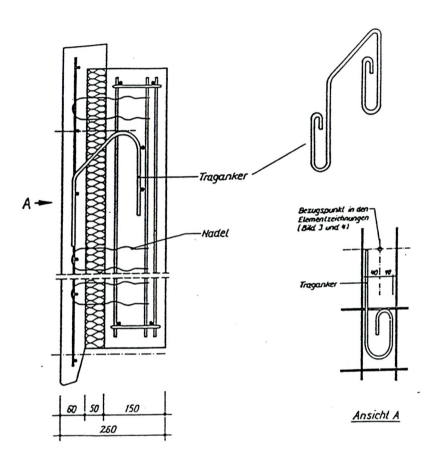

Darstellung Traganker und Nadeln entsprechend Übersichtstabelle

Für die Übertragung der Eigenlasten sind die geneigt verlaufenden Stähle der Anker als beidseitig eingespannt - sowohl in der Trag- als auch in der Wetterschutzschicht - zu betrachten. Die Annahme einer gelenkigen Anordnung der Stähle /1/ ist - wie Versuche gezeigt haben /24/ - unzutreffend und darf bei der statischen Nachrechnung bestehender Außenwandkonstruktionen nicht zugrunde gelegt werden.

2.6 Drempelelemente

Oberhalb der letzten Geschoßdecke sind im Bereich der belüfteten Dächer Drempelelemente montiert worden. Sie sind in der Regel aus Normalbeton hergestellt.

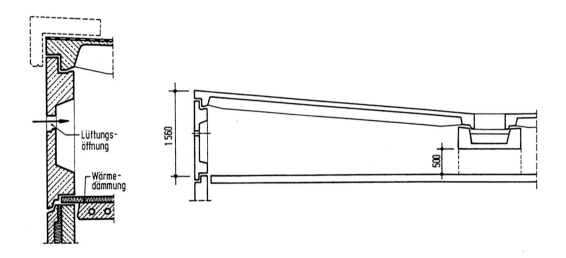

Abb. 2.1: Aufbau eines belüfteten Flachdaches mit Innenentwässerung

Seltener ausgeführt wurde ein einschaliges Dach (Warmdach).

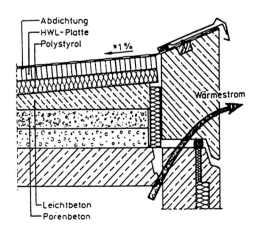

Abb. 2.2: Aufbau eines einschaligen Flachdaches (Beispiel)

KATALOG AUSSENWAND	Seite 21
Außenwandkonstruktionen	

2.7 Fugen

Bei den industriell errichteten Wohnungsbauten sind im wesentlichen zwei Arten der Fugenausbildung zu unterscheiden:

- einstufig gedichtete Fugen (sogenannte "geschlossene" Fugen)

  und

- zweistufig gedichtete Fugen (sogenannte "offene Fugen").

Die Art der Fugenausbildung steht im Zusammenhang mit dem Schichtenaufbau der Wandkonstruktion.
Bei der Block- und Streifenkonstruktion wurden die Fugen nur vermörtelt oder teilweise zusätzlich mit einer Dichtungsmasse überspachtelt.
Bei älteren Typen der Plattenbauten (P1, P2, QP) wurden die Fugen auch noch geschlossen ausgeführt, d.h. vermörtelt und mit einer Dichtungsmasse überspachtelt bzw. als Rechteckfuge mit Fugenstrick als Rücklage ausgebildet.
Die zweistufig gedichteten Fugen wurden erst zu Beginn der 70er Jahre bei der mehrschichtigen Außenwandkonstruktion eingeführt (P2-Ratio, QP-Ratio, WBS 70).

| KATALOG AUSSENWAND | | Seite 22 | **K** |

Außenwandkonstruktionen

Lfd. Nr.	Wandaufbau	Querschnitt	Anwendungs-bereich	Wärmedurch-laßwiderstand $1/\Lambda$ im Bereich der Wärmebrücke $[m^2 \cdot K/W]$
(1)	einstufig gedichtete Fuge 1 Mörtel meist in Verbindung mit den Außenwänden verputzt		Kelleraußenwände für alle Bauweisen Blockbauweise Streifenbauweise	0,11 - 0,13
(2)	einstufig gedichtete Fuge 1 Dichtstoff 2 Hinterfüllmaterial		Blockbauweise Streifenbauweise Plattenbauweise	0,24 - 0,36
(3)	zweistufig gedichtete Fuge Vertikalfuge 1 Schlagregenschutz-streifen (1.Stufe) 2 Windsperre (2.Stufe) 3 Dämmstreifen		Plattenbauweise	zweischichtige Außenwand 0,40 dreischichtige Außenwand 0,73
	rationalisierte Variante			rationalisiert 0,98
	Horizontalfuge 1 Stauschwelle 2 Windsperre 3 Lagerfuge			0,54 - 0,60 rationalisiert 0,66 - 0,73

KATALOG AUSSENWAND	Seite 23	**S**
Schäden und Ursachen		

3. Typische Schadensbilder und deren Ursachen

3.1 Schäden durch stoffliche Veränderungen

3.1.1 Alkali-Kieselsäure-Reaktion und sekundäre Ettringit-Bildung

Wird Beton unplanmäßig beansprucht oder seine Rezeptur falsch gewählt, kann es zu Gefügestörungen und zu ernsten Schäden an Bauteilen kommen.
Im Betongefüge können treibende Kräfte entstehen, wenn sich aus den Zuschlägen mineralische Neubildungen mit einem wachsenden Volumenbedarf entwickeln. Der Festbeton reagiert dann wegen seiner Sprödigkeit durch Lockerung des Haftverbundes zwischen den Zuschlägen und dem Zementstein oder im Zementstein. Prozeßfördernd sind ständige oder wechselnde Feuchtebeanspruchungen.
Zu den Gefügezerstörungen bei Beton gehören:

- Alkali-Kieselsäure-Reaktion (AKR) und

- sekundäre Ettringit-Bildung.

Erläuterung des Begriffes Alkali-Kieselsäure-Reaktion (AKR)

Unter einer Alkali-Kieselsäure-Reaktion wird im Beton eine chemische Reaktion zwischen reaktiver Kieselsäure (SiO_2) aus alkali-empfindlichen Zuschlägen (z.B. Opale und Flinte) und Alkalihydroxiden (NaOH, KOH), die in der Porenlösung des erhärteten Betons enthalten sein können, verstanden. Sie kann unter bestimmten Bedingungen die Gebrauchseigenschaften des Betons vermindern und im Extremfall zur völligen Zerstörung des Festbetons führen.

KATALOG AUSSENWAND	Seite 24	**S**
Schäden und Ursachen		

Das Alkalihydroxid entsteht während der Hydratation des Zementes aus Natrium- und Kaliumverbindungen. Es kann aber auch aus anderen Betonausgangsstoffen stammen, wie beispielsweise aus alkalihaltigen Betonzusatzmitteln und Zumahlstoffen.

Alkaliverbindungen (z.B. Salzlösungen) können desweiteren von außen in den Beton eindringen und zur Bildung von Alkalihydroxiden beitragen.

Schadensmerkmale

- sichtbare gallertartige Ausscheidungen an der Betonoberfläche, die zu weißen, punktförmigen bzw. ringförmigen Ausblühungen werden,
- Auswachsungen über reaktiven Zuschlagkörnern und Abplatzungen an der Betonoberfläche,
- Netzrißbildungen.

Für den in-situ-Nachweis von AKR-Neubildungen in treibgeschädigtem Beton steht ein Fluoreszenz-Test zur Verfügung, der jedoch keine Auskunft über den erreichbaren bzw. zu erwartenden Schädigungsgrad gibt.

Erläuterung des Begriffes sekundäre Ettringit-Bildung

Als Ettringit-Bildung wird im Betonbau eine chemische Reaktion zwischen der aluminatischen Komponente des Zementes und den Sulfat-Ionen des dazugegebenen Abbindereglers (Gips bzw. Anhydrit) verstanden. Daraus bildet sich bei schroffer Wärmebehandlung zunächst eine höher temperaturbeständige Vorstufe des Ettringits (z.B. Monosulfat), die in der Nutzungsphase des erhärteten Betons zur sogenannten sekundären Ettringit-Bildung (SEB) führt.

KATALOG AUSSENWAND	Seite 25	S
Schäden und Ursachen		

Die vor allem bei der sekundären Ettringit-Bildung eintretende Zementsteindehnung wird an Anschnitten und Anschliffen durch "Abheben" des Zementsteins von den Zuschlagkörnern, also in einer neben der Rißbildung zusätzlichen Gefügelockerung sichtbar. Dabei sind aus geometrischen Gründen die entstehenden Ringspalte um gröbere Zuschläge größer als um feinere (Abb. 3.1 und 3.2). In solchen Ringspalten können sich Reaktionsprodukte der schadenauslösenden Prozesse ansiedeln und die gesamte Volumenerweiterung des Betons unterstützen. Eine Neuverkittung des Gefügeverbandes in festigkeitsbildendem Ausmaß findet hierbei nicht statt.

Abb. 3.1: Gefügegestörter Beton mit Ringspalten zwischen Zuschlagkorn und Matrix sowie Matrixrissen infolge sekundärer Ettringit-Bildung

KATALOG AUSSENWAND Seite 26

Schäden und Ursachen

S

Abb. 3.2: Ringspaltbildung und Matrixgefügelockerung durch sekundäre Ettringit-Bildung

Beide Prozesse (AKR und SEB) können bei den entsprechenden stofflichen Voraussetzungen gleichzeitig in einem Bauteil ablaufen.

Da in den 70er Jahren verfahrensbedingt die Alkaligehalte in einigen Zementen anstiegen und der Sulfatgehalt Ende der 70er Jahre in bestimmten Zementen erhöht werden durfte, kann eine regionale Kombination beider Schadensarten in Verbindung mit den üblicherweise sehr hohen Zementgehalten auch zur Erklärung einer gewissen zeitlichen Ballung von Treibreaktionsschäden seit Anfang der 80er Jahre in Betracht gezogen werden.

Die Erscheinung der AKR tritt insbesondere bei Außenwänden mit Keramikbekleidung auf, weil sich dort Feuchtigkeit - insbesondere bei undichten Fugen - hinter der Keramikbekleidung während längerer Zeit ansammeln kann. Bei dicht aneinanderstoßenden Außenwandelementen (vermörtelten Fugen) können erhebliche Auswölbungen infolge Zwang entstehen.

3.1.2 Karbonatisierung und Korrosion

Erläuterung der Begriffe Karbonatisierung und Korrosion

Karbonatisierung ist eine chemische Reaktion zwischen dem Calciumhydroxid [$Ca(OH)_2$] des Zementsteins und dem Kohlendioxid der Luft, wobei die ursprünglich vorhandene Alkalität des Betons (pH $\geq$ 12) im Laufe der Zeit stetig abnimmt. Bei einem pH-Wert unter 9,5 ist die Passivierung der Stahloberfläche aufgehoben /26/.

Mit der Karbonatisierung ist eine Verringerung des Porenvolumens im Beton und damit eine Erhöhung seiner Festigkeit verbunden.

Die Geschwindigkeit der Karbonatisierungsreaktion sinkt mit zunehmender Standzeit des Bauteils, da die Gefügeverdichtung eine Erhöhung des Diffusionswiderstandes für Kohlendioxid bewirkt. Dies gilt jedoch nur für rißfreie Bereiche bzw. Rißbreiten bis 0,3 mm /3/. Bei bereits vorhandenen, größeren Schäden stellen die Rißflanken bzw. die Bruchflächen neue Reaktionsflächen dar, von denen aus die Umwandlungsreaktion erneut mit erhöhter Karbonatisierungsgeschwindigkeit abläuft.

KATALOG AUSSENWAND	Seite 28	**S**
Schäden und Ursachen		

Korrosion

Zur Korrosion eines Bewehrungsstahles müssen **gleichzeitig** drei Voraussetzungen erfüllt sein:

- Die Passivität der Stahloberfläche im Beton muß durch eine Karbonatisierung des Betons oder durch schädliche Salze aufgehoben sein.
- Sauerstoff muß an den Stahl zutreten können.
- Ein Elektrolyt muß vorhanden sein, d.h. der Beton muß ausreichend feucht sein.

Solange der Bewehrungsstahl von einem hochalkalischen, nicht durchkarbonatisiertem Beton umhüllt ist, wird er aufgrund der Schutzwirkung des Betons nicht rosten.

Der ungeschützte Stahl beginnt bei gleichzeitiger Anwesenheit von Wasser und Sauerstoff zu korrodieren, wobei die Korrosionsprodukte ein um ein Vielfaches des ursprünglichen Stahls vergrößertes Volumen einnehmen.
Die Volumenzunahme bei der Stahlkorrosion führt zu Spannungen im Beton, die über Risse und Abplatzungen abgebaut werden. In diesem Bereich wird die Verbundwirkung zwischen Stahl und Beton aufgehoben.
Die Dauerhaftigkeit von Stahlbetonbauteilen, zu denen die Außenluft unmittelbaren Zutritt hat, wird deshalb in erster Linie von der Dicke und Dichte der Betondeckung der Bewehrung bestimmt.

KATALOG AUSSENWAND　　Seite 29	S
Schäden und Ursachen	

3.2　Schimmelpilzbildung

3.2.1　Ursachen

Schimmelpilzbildung (Stockflecken) auf der Innenseite von Außenbauteilen zählen zu häufigen Schäden im Wohnungsbau.
Sie können prinzipiell auf folgende Ursachen zurückgeführt werden:

1. Anfall von Tauwasser auf der inneren Außenwandoberfläche bzw. von hoher relativer Luftfeuchtigkeit nahe der inneren Außenwandoberfläche bei einer unzureichenden Wärmedämmung der Wand, insbesondere im Bereich von Wärmebrücken,

2. Anfall von Tauwasser bzw. Entstehen einer hohen relativen Luftfeuchte auf der inneren Außenwandoberfläche aufgrund eines falschen Nutzerverhaltens:
   Unzureichende Heizung und/oder mangelhafte Lüftung der Räume.

3. Feuchteeinwirkung von außen (Schlagregen), z.B. durch undichte Fugen.

3.2.2　Begriffe

Luftfeuchte

Die atmosphärische Luft ist ein Gemisch aus trockener Luft (zusammengesetzt aus mehreren Gasen) und Wasserdampf. Der von der Luft aufnehmbare maximale Gehalt an Wasserdampf ist temperaturabhängig. <u>Mit zunehmender Lufttemperatur steigt die aufnehmbare Feuchtigkeitsmenge</u> (siehe Abb. 3.3).

| KATALOG AUSSENWAND | Seite 30 | S |

Schäden und Ursachen

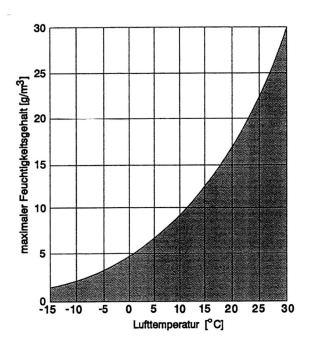

Abb. 3.3: Zusammenhang zwischen der Lufttemperatur und dem maximalen Feuchtegehalt

Relative Luftfeuchte

Die Luft enthält in der Regel nicht den höchstmöglichen Wasserdampfgehalt (entsprechend Abb. 3.3), der nur bei bestimmten Witterungsverhältnissen (z.B. Nebel) auftritt, sondern nur einen Teil davon. Die relative Luftfeuchte wird als Prozentanteil des tatsächlich in der Luft vorhandenen Wasserdampfgehaltes bezogen auf den höchstmöglichen Wasserdampfgehalt (Wasserdampfsättigungsgehalt) definiert:

$$\varphi = \frac{(\text{vorh. Wasserdampfgehalt}) \cdot 100}{\text{max. mögl. Wasserdampfgehalt}} \quad [\%]$$

KATALOG AUSSENWAND Seite 31

Schäden und Ursachen

In bewohnten Räumen wird der Luft ständig Feuchte zugeführt (Kochen, Waschen, Trocknen, Duschen, Blumen gießen, Schwitzen o.ä.). Die Feuchtigkeitsmenge, die der Luft zugeführt wird, hängt dabei sehr stark von dem Verhalten der Wohnungsnutzer ab.

Die anfallende nutzungsbedingte Feuchte muß durch regelmäßiges Lüften abgeführt werden. Die Raumlüftung sollte als Stoßlüftung erfolgen (mehrmals täglich ca. 5 bis 10 Minuten Fenster weit öffnen). Eine Dauerlüftung führt zu einer Auskühlung der Bauteile und kann dadurch die Schimmelbildung begünstigen.

Die relative Luftfeuchte in Wohnräumen sollte im Winter aus gesundheitlichen Gründen immer über 40 % liegen, optimal sind Werte zwischen 45 und 50 % (Abb. 3.4). Das Absinken der Luftfeuchte unter 30 % während der Heizperiode führt zu Reizerscheinungen in den Atemwegen und sollte daher vermieden werden.

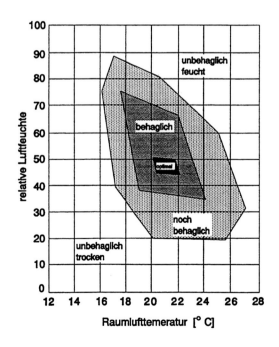

Abb. 3.4: Behaglichkeitsfelder für unterschiedliche Raumlufttemperaturen und relative Luftfeuchte /4/

KATALOG AUSSENWAND

Seite 32 — **S**

Schäden und Ursachen

Durch eine Änderung der Raumlufttemperatur wird die relative Luftfeuchte verändert, ohne daß dabei der absolute Feuchtegehalt der Luft (Wasser in g/m^3) verringert oder erhöht wird.

Ein Absinken der Lufttemperatur erhöht die relative Luftfeuchte so weit, bis sie im Extremfall 100 % beträgt. Die Temperatur, bei der die Luft den Sättigungsfeuchtegehalt erreicht hat (relative Luftfeuchte 100 %), wird als Taupunkttemperatur bezeichnet.

In Abhängigkeit von der vorhandenen Raumlufttemperatur und der relativen Luftfeuchte kann die Taupunkttemperatur aus Abbildung 3.5 ermittelt werden (vgl. Ablesebeispiel).

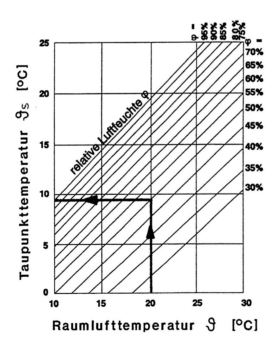

Abb. 3.5: Zusammenhang zwischen Raumlufttemperatur, relativer Luftfeuchte und Taupunkttemperatur

KATALOG AUSSENWAND	Seite 33	**S**
Schäden und Ursachen		

3.2.3 Entstehung von Schimmelpilzen

Wird die raumseitige Oberflächentemperatur derart abgesenkt, daß die Oberflächentemperatur niedriger als die Taupunkttemperatur ist, kommt es zur Tauwasserbildung auf der raumseitigen Bauteiloberfläche. In Abhängigkeit von der Intensität des Tauwasseranfalls sowie der Sorptionsfähigkeit der Bauteiloberfläche muß hierbei die Tauwasserbildung nicht unbedingt immer sofort augenfällig werden. Vielmehr kann es erst mit der Zeit durch Feinstaubablagerungen auf den feuchten Bauteiloberflächen zu Verfärbungen kommen (Phantombildung), die auf die Tauwasserbildung im Bereich einer Wärmebrücke hindeuten. Als Folge der Tauwasserbildung kann Schimmelpilz auftreten.

Zur Beurteilung der Tauwasserfreiheit werden die in DIN 4108 vorgegebenen Randbedingungen von 20 °C und 50 % relativer Luftfeuchte bei einem inneren Wärmeübergangswiderstand von 0,17 m²·K/W und einer Außentemperatur von -15 °C für die Ermittlung der Taupunkttemperatur (kritisch ϑ) herangezogen.
Die kritische Oberflächentemperatur, bei der Tauwasser entstehen kann, beträgt in diesem Fall

$$\text{kritisch } \vartheta = 9{,}3 \,°C \quad (\text{d.h. ungefähr 10 °C, vgl. Abb. 3.5})$$

Nach neueren Erkenntnissen ist es für das Auftreten von Schimmelpilz nicht unbedingt erforderlich, daß Tauwasser auf der inneren Bauteiloberfläche anfällt; je nach Oberflächenmaterial kann schon bei Feuchten von über 75 %, bezogen auf die dazugehörige Oberflächentemperatur, eine Schimmelpilzbildung entstehen. Das bedeutet, daß bei einer Raumlufttemperatur von $\vartheta = +\,20 \,°C$ Schimmelpilz bei einer Wandoberflächentemperatur von

$$\text{kritisch } \vartheta \approx 12{,}6 \,°C$$

entstehen kann.

KATALOG AUSSENWAND	Seite 34	**S**
Schäden und Ursachen		

Falsch angeordnete Einrichtungsgegenstände, die einen Luftwechsel an Außenbauteiloberflächen behindern, können auch zu einer Absenkung der Bauteiloberflächentemperatur führen und damit zur Tauwasserbildung beitragen oder sie bewirken.
Schränke sollten daher nicht direkt an Außenwände gestellt werden, nicht vom Boden bis zur Decke reichen oder einen geschlossenen Sockel besitzen.
Gardinen sollten zur Vermeidung der Tauwasserbildung nicht von der Decke bis zum Boden reichen.

Bauteiloberflächen, auf denen sich ein Tauwasserniederschlag bildet oder bei denen sich ein erhöhter Feuchtigkeitsgehalt einstellt, sind Sammelstellen für Staub- und Schimmelpilzsporen.
Zum Wachstum benötigen die Schimmelpilzsporen Sauerstoff, Feuchtigkeit sowie Proteine, die sie aus organischen Kohlenwasserstoffen oder aus Stickstoffen beziehen können. Darüber hinaus benötigen sie zum Wachstum auch einige Mineralien.
Die Nahrungsquellen können sowohl flüssig als auch fester Art sein.

Das Wachstum der Schimmelpilze wird entscheidend vom Material der Bauteiloberflächen beeinflußt. Auf ungestrichenem Beton und Putzoberflächen breitet sich der Schimmelpilz relativ langsam aus, solange nicht in den Poren der Bauteiloberfläche Staubansammlungen das Wachstum begünstigen.
Eine günstige Nahrungsquelle stellen Dispersionsfarbanstriche, Textil-, Rauhfaser- und Papiertapeten dar.
Glasoberflächen, keramische Fliesen, aber auch Vinyl-Schaumstofftapeten stellen einen ungünstigen Nährboden für Schimmelpilze dar, so daß es auf Bauteilen mit diesen Oberflächen nur in Ausnahmefällen (starke Verschmutzung) zu Schimmelpilzbildungen kommt.

KATALOG AUSSENWAND　　Seite 35

Schäden und Ursachen

S

3.3 Bautechnische Schäden

3.3.1 Übersicht

In Abhängigkeit von der Nutzungsdauer der Gebäude, der Konstruktionsart und den verwendeten Materialien können an den Außenwänden bautechnisch bedingt Schäden aufgetreten.
Nachfolgend werden diese und deren Ursachen in Abhängigkeit von den Konstruktionsarten der Außenwände beschrieben.

Konstruktionsarten:

- Kelleraußenwände (Mauerwerk mit Putz oder Fertigteile aus Normalbeton)

- einschichtige Außenwände
    * geputzte Außenwände (überwiegend beim Blockbau)
    * Außenwände mit oberflächenfertigen Schichten (überwiegend im Streifen- und Plattenbau)
    * Außenwände aus Porenbeton

- zweischichtige Außenwände mit innen- oder außenliegender Wärmedämmung (Plattenbau, typisch für P2)

- dreischichtige Außenwände (typisch für WBS 70 und rationalisierte Wohnungsbauserien)

KATALOG AUSSENWAND	Seite 36	**S**
Schäden und Ursachen		

3.3.2 Kelleraußenwände

Typische Schäden	Ursachen/Auswirkungen	Handlungs-empfehlung Nr.
Putzrisse und Putzabplatzungen bei Putz auf Mauerwerk	**Ursachen** - Durchfeuchtung im Spritzwasserbereich - Versagen der vertikalen Dichtung - undichte Regenfallrohre **Auswirkungen** - keine, soweit die Keller trocken sind	5.2.1
Risse und Betonabplatzungen Die Risse treten häufig an den Ecken der Kellerfenster auf oder zwischen den Elementen in den vermörtelten Fugen. Teilweise sind diese Risse auch durchgehend.	**Ursachen** - Eigenspannungen im Wandelement und fehlende Diagonalbewehrung - ungenaue Montagequalität (keine waagerechte glatte Ebene auf dem Fundament) - seltener liegen die Ursachen in einer chemischen Umwandlung des Betons durch AKR bzw. SEB (Abschnitt 3.1). **Auswirkungen** - im allgemeinen keine - bei AKR bzw. SEB kann es zur Gefügezerstörung des Betons führen	5.2.2 5.2.3 5.2.4

KATALOG AUSSENWAND	Seite 37	**S**
Schäden und Ursachen		

3.3.3 Einschichtige Außenwände

Geputzter, haufwerksporiger Beton; überwiegend Blockbau /5/

Typische Schäden	Ursachen/Auswirkungen	Handlungsempfehlung Nr.
Rißbildung auf geputzter Oberfläche Die Risse verlaufen im wesentlichen entlang der Stoßfugen zwischen den Blockelementen, häufig über die gesamte Gebäudehöhe bzw. gehen jeweils von den Fensterecken aus. ungeputzter Blockbau-Fassadenabschnitt geputzter Fassadenabschnitt mit typischer Rißbildung	**Ursachen** Die Risse im Bereich der Fugen sind zurückzuführen auf - nicht vollständiges Schließen der Fugen mit Mörtel vor dem Putzen - unterschiedliches Verhalten von Putz und Leichtbeton (Schwindverhalten, thermische Längsausdehnung u.ä.) - unterschiedliche Verformungen (Spannungen) im Bereich durchgehender Wandpfeiler im Vergleich zu den Brüstungselementen - nach außen vorstehende Fenstergewände ohne Kellenschnitt zum Putz **Auswirkungen** - Durchfeuchtung der Außenwand und als Folge ein verminderter Wärmeschutz - Putzabplatzungen	5.2.1
Risse unterhalb auskragender Balkonplatten bei Gebäuden in Längsbauweise	**Ursache** - Lastkonzentration **Auswirkungen** - Durchfeuchtung der Außenwand und als Folge ein verminderter Wärmeschutz - Putzabplatzungen	
Durchfeuchtung und Schimmelpilzbildung	**Ursachen** - siehe Abschnitt 3.2 (Schimmelpilzbildung) - zu große Dichte des Leichtbetons und damit unzureichender Wärmeschutz (Tauwasser) **Auswirkungen** - gesundheitliche Beeinträchtigung der Nutzer - Verminderung der Wärmedämmung	5.3.2

KATALOG AUSSENWAND   Seite 38   **S**

Schäden und Ursachen

Oberflächenfertiger, haufwerksporiger Beton; überwiegend Streifen- und Plattenbau

Typische Schäden	Ursachen/Auswirkungen	Handlungsempfehlung Nr.
Rißbildung in der keramischen Außenwandbekleidung Dabei haben sich besonders herausgebildet - netzartige Risse auf der Keramikoberfläche (verstärkt an der Wetterseite) - einzelne stärkere Risse, die teilweise durch die Feinbetonschicht bis in den Leichtbeton, vorrangig am Fenstersturz, unter der Fensterbank und an den Elementerändern sichtbar sind.	**Ursachen** - Glasurrisse (Haarrisse) in der keramischen Bekleidung treten bei der Herstellung der Fliesen auf, wenn der thermische Ausdehnungskoeffizient der Glasur mit dem des Scherbens nicht übereinstimmt, so daß bei Temperaturwechsel die Glasurschicht reißt. In der Außenwandfläche stellen die Glasurrisse keinen Mangel dar und schränken den Gebrauchswert nicht ein. - thermisch-hygrische Zwangsspannungen **Auswirkungen** - Eindringen von Feuchtigkeit - verminderter Wärmeschutz	5.3.2 5.3.3
Betonabplatzungen an Elementerändern und den Faschen der Fenster	**Ursache** - überwiegend unsachgemäßer Transport bzw. unsachgemäße Montage **Auswirkungen** - Vergrößerung der Fugen - Undichtigkeiten - verminderter Wärmeschutz	5.2.2
Außenwandverwölbung - Elemente mittig leicht nach außen gewölbt (bis max. 1 cm)	**Ursache** - frühzeitiges Entformen der Wandelemente **Auswirkungen** - keine	entfällt
Risse und Betonabplatzungen Die Deckschichten der haufwerksporigen Leichtbetonelemente bestehen aus gefügedichtem Beton. Die Risse und Abplatzungen liegen in der Verbundebene zwischen den Schichten.	**Ursachen** - in der Fertigung und dem Transport der Elemente - unterschiedliches Materialverhalten **Auswirkungen** - partielle Hohllagen mit der Gefahr des Absturzens der Deckschichten	Abschlagen Neuputz 5.3.2 5.3.3

KATALOG AUSSENWAND Seite 39 **S**

Schäden und Ursachen

Porenbeton, Oberfläche mit aufgeklebtem Glasseidenmischgewebe oder Kunstharzputz (ILMANTIN-Plastputz); Streifen- bzw. Plattenbau

Typische Schäden	Ursachen/Auswirkungen	Handlungsempfehlung Nr.
Rißbildung auf der Wetterseite und besonders in den oberen Geschossen - Die Risse reichen in den Wandquerschnitt hinein (tiefer als Bewehrungsebene). - Ein wesentlicher Teil der Risse verläuft entlang der Bewehrung. - Die Rißbreiten betragen 0,1 bis 0,2 mm (Leipzig/Laußig). - Durch stärkere Bewegung des Parchimer Porenbetons (Schwerin) und durch die starre Befestigung der Außenwand an der Tragkonstruktion (Decken, Innenwände) sind Rißhäufigkeit und Rißbildungen größer. - Rißbreiten meist < 0,3 mm, aber auch bis 0,6 mm (Schwerin/Parchim) - Nachfolgende Abbildung zeigt äußerlich sichtbare Risse u.a. entlang der Fugen zwischen den Blöcken aus der Vormontage (Leipzig/Laußig). Beispiel Plattenbau: Stoß der Blöcke ("Vorelemente")	**Ursachen** - thermisch-hygrische Beanspruchung (insbesondere bei hoher Regenintensität) - nicht vollfugig vermörtelte Stöße zwischen den Blöcken aus der Vormontage (Leipzig/Laußig) - qualitativ nicht ausreichende Materialien der Oberflächenbeschichtung - unterschiedliches Dehnungsverhalten zwischen Oberflächenbeschichtung und Porenbeton **Auswirkungen** - Die Risse bedeuten in den nächsten Jahren keine unmittelbare Gefährdung von Standsicherheit und Dauerhaftigkeit. - Die durch die gerissene Oberfläche eindringende Niederschlagsfeuchte erfaßt nicht den gesamten Querschnitt, sondern nur den oberflächennahen Bereich. - Selbst bei vereinzelt durchgehenden Rissen sind bisher keine Durchfeuchtung bis zur Innenseite und auch keine Schäden infolge Korrosion bekannt. Verdichtung des Rißnetzes und Betonabplatzungen aufgrund von Frost-Tau-Einwirkungen sind aber auf lange Sicht nicht auszuschließen.	5.3.2 5.3.3

KATALOG AUSSENWAND — Seite 40 — **S**

Schäden und Ursachen

Typische Schäden	Ursachen/Auswirkungen	Handlungs-empfehlung Nr.
Ablösen des Kunstharzputzes - Das Ablösen des Kunstharzputzes auf den Wetterseiten, besonders am Drempel und in den oberen Geschossen, tritt flächenartig auf. Es sind kaum Ablösungen auf den vom Wetter nicht so intensiv beanspruchten Fassaden oder Fassadenteilen vorhanden. - Vereinzelt sind Frostschäden bei Schichtkombinationen Porenbeton-Stahlbeton (unter französischem Fenster, Treppenhauswand) zu verzeichnen.	**Ursachen** - steigende Beanspruchung infolge großem hygrischem Verformungsbestreben - sinkende Beanspruchbarkeit des Kunstharzputzes infolge Versprödung - Minderung der Haftspannung - Frost-Tau-Wechsel **Auswirkungen** - An den Wetterseiten sind z.T. starke ästhetische Beeinträchtigungen sichtbar. - Bei fehlender Schutzschicht - auch nach mehreren Jahren - sind außer geringfügiger Erosion keine witterungsbedingten Schäden am Porenbeton vorhanden. Eine Durchfeuchtung des Porenbetons ist nicht gegeben. Korrosionserscheinungen an der Bewehrung sind nicht bekannt. - Der Dauerfeuchtegehalt der Wand steigt kaum über 4 V-%.	5.3.2 5.3.3

KATALOG AUSSENWAND Seite 41

Schäden und Ursachen

S

3.3.4 Zweischichtige Außenwände

Normalbeton mit innen- oder außenliegender Wärmedämmung (HWL);
Plattenbau (typisch für P2) /5/

Typische Schäden	Ursachen/Auswirkungen	Handlungs-empfehlung Nr.

Rißbildung bei Gebäuden mit innenliegender Wärmedämmung
 	
- Unterhalb der Fenster sind zahlreiche Risse sichtbar. Es wurden Risse bis zu 1,5 mm Rißbreite festgestellt.
- Die Risse gehen durch die Tragschicht der Platte hindurch.
 	
[Diagramm: $CO_2/SO_2/O_2$ → karbonatisiert, Armierung, pH 12 passiv, 8 Korrosion]
 	
Lokale Korrosion des Bewehrungsstahls als Folge der pH-Absenkung im Rißbereich
 	
- Fugenrisse befinden sich innen zwischen
  * Längsaußenwand und Innenwand,
  * Längsaußenwand und Decke.
Diese Risse wurden in den oberen Geschossen verstärkt festgestellt.
	Ursachen
	
	Aufgrund der innenliegenden Wärmedämmung ist die Tragschicht der Längsaußenwand allen wechselnden Temperatur- und Feuchteeinflüssen voll ausgesetzt.
	Da die Innenbauteile nur einer relativ geringen Temperaturschwankung ausgesetzt sind, ergeben sich Dehnungsdifferenzen zwischen Außenwand und Innenkonstruktion.
	Die thermisch bedingten Verformungen nehmen längs der Gebäudehöhe zu, wodurch sich die vermehrte Rißbildung in den oberen Geschossen erklärt.
	
	Auswirkungen
	- Eindringen von Feuchtigkeit
	- erhöhte Karbonatisierung des Betons (Abschnitt 3.1)
	- Korrosion der Bewehrung (Abschnitt 3.1)
		5.2.3
		5.3.2
		5.3.3

| KATALOG AUSSENWAND | Seite 42 | **S** |

Schäden und Ursachen

Typische Schäden	Ursachen/Auswirkungen	Handlungsempfehlung Nr.
Farbabplatzungen Das Anstrichsystem der Elemente ist besonders in den oberen Geschossen stark abgewittert.	**Ursachen** - absandender und poröser Betonuntergrund infolge ungenügender Verdichtungen - mangelhafte Qualität der Farbe - Alterung - Risse im Bauteil **Auswirkungen** - keine Schutzwirkung für den Beton - Beschleunigung der Karbonatisierung und Bewehrungskorrosion (Abschnitt 3.1) - ästhetische Beeinträchtigung	5.2.3
Putzrisse und -abplatzungen bei Gebäuden mit außenliegender Wärmedämmung Die Risse verlaufen im wesentlichen entlang den Dämmstoffstößen und führen dort zuerst zur Rißbildung und dann zu Putzabplatzungen.	**Ursachen** - unterschiedliches Materialverhalten zwischen Putz (Feinmörtelschicht) und Dämmstoff (HWL-Platte) **Auswirkungen** - Eindringen von Feuchtigkeit - Verrottung des Dämmstoffes - Durchfeuchtung der Außenwand - Minderung der Wärmedämmung (Wärmeverluste)	5.2.1
Schimmelpilzbildung bei Wänden mit innenliegender Wärmedämmung	**Ursachen** - ungünstiges Wasserdampfdiffusionsverhalten, Tauwasser im Wandquerschnitt möglich (siehe Abschnitt 3.2 Schimmelpilzbildung) **Auswirkungen** - gesundheitliche Beeinträchtigung der Nutzer - unbehagliches Raumklima	5.3.2 5.3.3

KATALOG AUSSENWAND Seite 43 **S**

Schäden und Ursachen

3.3.5 Dreischichtige Außenwände

Wetterschutzschicht (Normalbeton), Dämmschicht (Mineralwolle oder Polystyrolschaum), Tragschicht (Normalbeton); typisch für WBS 70, rationalisierte Wohnungsbauserien und Hochhäuser

Typische Schäden	Ursachen/Auswirkungen	Handlungs-empfehlung Nr.
Risse und Betonabplatzungen Die Wetterschutzschichten aller dreischichtigen Außenwände sind mehr oder weniger stark durch Risse und Betonabplatzungen geschädigt. Die Schäden können zu unterschiedlichen Zeitpunkten eingetreten sein: - bei der Fertigung der Elemente im Vorfertigungswerk (1) - beim Transport und bei der Montage durch mechanische Einwirkungen (2) - durch Umwelteinflüsse (3) Risse treten auf - an den Fensterecken - im Sturz - im Kantenbereich (auch Betonabplatzungen) - insbesondere bei Wandelementen ohne Fenster im Bereich der Dämmstoffstöße - an den Oberflächen und den Stirnseiten der Wände als Netzrisse	Ursachen (1) bei der Fertigung der Elemente bzw. (2) dem Transport und der Montage - Die Bedampfung der Elemente wurde mit überhöhter Temperatur durchgeführt. - Das Ausschalen erfolgte vorzeitig. - Die Sieblinien der Zuschlagstoffe und der Anteil der Zementmenge je m^3 Beton entsprachen nicht den Erfordernissen der Betonfestigkeitsklasse. - Der Wasser/Zement-Wert war größer 0,5. - Die Nachbehandlung war ungenügend. - Es traten Unkorrektheiten bei der Lagerung, dem Transport (Schräghang) und der Montage ein. - Eine zu geringe Bemessung bzw. eine Lageverschiebung der Bewehrung in den Wetterschutzschichten kann ebenfalls zur Rißbildung führen.	5.2.2 5.2.3 5.2.4

KATALOG AUSSENWAND Seite 44   **S**

Schäden und Ursachen

Typische Schäden	Ursachen/Auswirkungen	Handlungsempfehlung Nr.
Rißverteilung i.M. /6/ < 0,3 mm - 80 % 0,3 - 0,5 mm - 12 % > 0,5 mm - 8 % (siehe auch Abb. 3.6) Die Risse gehen überwiegend durch die Wetterschutzschicht hindurch /6/.	**Ursachen** (3) durch Umwelteinflüsse - Temperatur- und Feuchtigkeitseinwirkungen auf die Wetterschutzschicht - Zwangs- und Eigenspannungen erweitern die vorhandenen Risse - zu geringe Betondeckung Die vorgegebene Betondeckung stellt sich im Vergleich zu Meßwerten wie folgt dar /6/: | äußere Betondeckung d_a (mm)		innere Betondeckung d_i (mm)	
---	---	---	---
Sollwert	Istwert	Sollwert	Istwert
25	36 - 60	15	0 - 14 | - verminderte Dicke der Wetterschutzschicht zum Elementerand (vertikal) - Nichteinhaltung der Dicken der Wetterschutzschicht /7/ (siehe auch Abb. 3.7) **Auswirkungen** - Durchfeuchtung der Wetterschutzschicht - Karbonatisierung des Betons (Abschn. 3.1) - Korrosion der Bewehrung (Abschnitt 3.1) - Betonabplatzungen (Ecken, Kanten, Stauschwellen)	

KATALOG AUSSENWAND	Seite 45	S
Schäden und Ursachen		

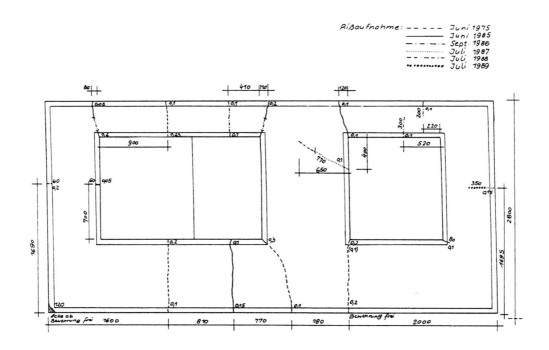

Abb. 3.6: Zeitliche Veränderung der Risse an einem dreischichtigen Außenwandelement im Bereich der Wetterschutzschicht /6/

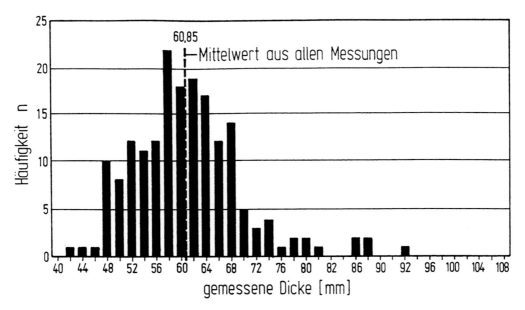

Abb. 3.7: Untersuchung der WBS 70 - Wetterschale Schichtdicke (Häufigkeitsverteilung) /7/

KATALOG AUSSENWAND   Seite 46   **S**

Schäden und Ursachen

Typische Schäden	Ursachen/Auswirkungen	Handlungsempfehlung Nr.
Abfallen einzelner Kiesel und Splittkörner von der Wandoberfläche Kiesnester auf der Oberfläche	**Ursachen** - zu geringes Einbinden des Korns in die Oberfläche (Aufwerfen von Kies und Splitt bei der Positivfertigung) - unzureichende Verdichtung **Auswirkungen** - ästhetische Beeinträchtigung	5.2.2 5.2.3

Verwölbungen der Wetterschutzschichten und Drempelelemente
 	
Es sind bis zu ca. 6 cm Verwölbungen an den Wetterschutzschichten, meistens an den Platten mit voll belegter Keramikoberfläche, festzustellen.
	Ursachen
	
	- chemische Umwandlungsprozesse im Festbeton
	  * schädigende Alkalikieselsäurereaktion (AKR)
	  * sekundäre Ettringitbildung (SEB) (Abschnitt. 3.1)
	- verstärktes Eindringen von Feuchtigkeit
	- unterschiedliches Temperatur- und Feuchteverhalten der zwei durch ein Mörtelbett verbundenen Schichten aus Keramik und Beton
	
	Auswirkungen
	
	- Abplatzungen und Rißbildung
	- Rißbildungen in Form von feinen, meist netzartigen, oft bis zur Bewehrung gehenden Haarrissen und/oder von breiten Spaltrissen bis hin zur Betonabplatzung
	- Volumendehnungen (Expansion) und Deformationen, die bis zum völligen Verlust der Tragfähigkeit führen können.
		5.2.3
		5.3.2
		5.3.3

Wärmebrücken im Wandquerschnitt
 	
Sie treten häufig auf
- am Fensteranschlag
- an den Verbindungen zwischen tragenden Innenwänden und Außenwänden bzw. Decken und Außenwänden.
	Ursachen
	
	- ungenügende Wärmedämmung an den unter Schäden genannten Baudetails. Dieser Mangel hat seinen Ursprung
	  * in der Ausführung (einlagig, nicht auf Stoß verlegte Dämmplatten, Unterschreitung der Schichtdicke)
	  * in der Konstruktion (fehlende ausreichende Überlappung der Dämmung an verschiedenen Details)
	
	Auswirkung
	
	- zu geringe Innenoberflächentemperaturen mit der Folge von Schimmelpilzbildung (Abschnitt 3.2)
	- zu hoher Heizenergieverbrauch
		5.3.2
		5.3.3

KATALOG AUSSENWAND	Seite 47	S
Schäden und Ursachen		

3.3.6 Fugen

Ein- und zweistufig gedichtete Fugen.
Die Zuordnung zur Konktruktionsart der Außenwand ist der Tabelle 2.1 (Seite 8) zu entnehmen.

Typische Schäden	Ursachen/Auswirkungen	Handlungs-empfehlung Nr.
Durchfeuchtung von einstufig gedichteten Mörtelfugen Die Mörtelfugen sind gerissen. Diese Risse sind bei den verputzten Außenwänden (Blockbau) bis auf die Oberfläche des Putzes sichtbar. In den sichtbaren Mörtelfugen (überwiegend im Kellerbereich) ist der Mörtel teilweise abgeplatzt.	**Ursachen** - nicht vollständiges Schließen der Fugen mit Mörtel vor dem Putzen - unterschiedliches Verhalten von Putz und Leichtbeton (Schwindverhalten, thermische Längsausdehnung u.ä.) - Lastkonzentration durch Balkonkragplatten bei Gebäuden in Längsbauweise **Auswirkungen** - Durchfeuchtung der Außenwand und als Folge ein verminderter Wärmeschutz - Putzabplatzungen - bei ungeputzten Wänden Herausplatzen des Mörtels	5.2.5
Durchfeuchtung von einstufig mit Fugendichtstoff und Hinterfüllmaterial abgedichteten Fugen - Der Fugendichtstoff, überwiegend Morinol, ist in sich bzw. an den Fugenflanken gerissen (Adhäsions- bzw. Kohäsionsbruch). - Flankenabbrüche im Beton	**Ursachen** - unterdimensionierte Fugenbreiten - Nichteinhaltung der Montagegenauigkeit und Elementegeometrie - Fehlen oder falsche Wahl des Hinterfüllmaterials - Morinol ist nicht elastisch und kann dauerhaft keine Fugenbewegungen aufnehmen. - Fugeninstandsetzung mit Thioplast erfolgte auf vorhandene Morinolfugen ohne Gleitschicht, damit ist die Bewegungsfreiheit der Elemente sowie des neuen Fugendichtstoffes nicht gegeben. **Auswirkungen** - zu große Beanspruchung im Flankenbereich führt zu Betonausbrüchen (Morinol überträgt während des Aushärtens Zwangskräfte auf die Fugenflanken) - Feuchteerscheinungen in den Wohnungen	5.2.5

KATALOG AUSSENWAND   Seite 48   **S**

Schäden und Ursachen

Typische Schäden	Ursachen/Auswirkungen	Handlungs-empfehlung Nr.
Durchfeuchtung von zweistufig gedichteten Fugen Die zweistufig gedichteten, die sogenannten "offenen Fugen" sind insbesondere am Giebel und in den oberen Geschossen undicht. Bei näherer Betrachtung des Fugenbildes (Fugenbreiten, Anordnung der Elemente im Fugenraster, Plattenversätze) können erhebliche Unkorrektheiten festgestellt werden. Die Fugenbreiten weichen erheblich von den Planungswerten ab /6/. (Planungswerte: Horizontalfuge 2,0/2,5 cm, Vertikalfuge 2,0/2,5 cm. Die Elemente sind gegenüber der Fassadenebene herausstehend oder stehen keilförmig zueinander. Damit war der geplante Einbau des Schlagregenschutzes als eine Dichtungsebene nicht immer gegeben.	**Ursachen** - Über- oder Unterschreitung der Montage- und Elementetoleranzen, verstärkt durch Kantenbrüche an den Elementen im Fugenbereich - Keine differenzierte Auswahl des richtigen Schlagregenschutzstreifens, der in verschiedenen Breiten vorhanden war - unsachgemäßes Einbringen des Schlagregenschutzstreifens (verkantet, herausgerutscht) - Bei älteren Gebäuden ist die Stauschwellenhöhe (Horizontalfuge) gegen Winddruck und Regen nicht ausreichend. **Auswirkungen** - Eindringen von Schlagregen durch die Horizontal- und Vertikalfugen - Nässeschäden auf der Innenseite der Außenwand, die zu Verfärbungen und Stockflecken führen - Durchfeuchtung der Wärmedämmung im Fugenbereich und von Teilen der Außenwand - Entstehen von Wärmebrücken - Kantenabplatzungen bei "Null"-Fugen (mangelnde Ausdehnungsmöglichkeit der Wetterschutzschicht) - Winddurchgang im Vertikal- und Horizontalfugenbereich, insbesondere aber im Fugenkreuz.	5.2.5

KATALOG AUSSENWAND	Seite 49	
Checkliste zur Schadensdiagnose		

4. Checkliste zur Schadensdiagnose an Außenwänden

4.1 Zweck der Schadensdiagnose

Um geschädigte Außenwände sinnvoll instandzusetzen, muß die Ursache eines Schadens bekannt sein.
Die Schadensdiagnose dient zur Feststellung und Beurteilung der Instandsetzungsnotwendigkeit als Grundlage für ein Instandsetzungskonzept.
Sie beinhaltet:

- die Bestandsaufnahme und
- die Beurteilung der Außenwand.

Die Festlegung des Umfangs der Bestandsaufnahme und die Beurteilung des Bauwerks-/Bauteilzustandes sind von einem sachkundigen Bauingenieur vorzunehmen.

Die Bestandsaufnahme umfaßt:

- Sichten von Planungsunterlagen,
- Untersuchungen und Begutachtung vor Ort,
- Untersuchungen im Labor.

Auf der Grundlage der Bestandsaufnahme ist das Gebäude bzw. die Außenwand unter Berücksichtigung von Umfang und Ursachen der Schädigung zu beurteilen.

KATALOG AUSSENWAND	Seite 50	C
Checkliste zur Schadensdiagnose		

In die Beurteilung müssen folgende Überlegungen einbezogen werden:

- Sind die Schäden oder Veränderungen auf mangelhafte Planung, Ausführung, Baustoffauswahl oder unterlassene Wartung und Instandhaltung zurückzuführen,
- führten Nutzung und Umwelteinflüsse zu Schäden oder Veränderungen,
- bestehen Abweichungen zu vorhandenen gesetzlichen Regelungen (z.B. Bauordnung), Normen oder technischen Regelungen.

Das Instandsetzungskonzept sollte den Umfang der erforderlichen, wirtschaftlich effektiven Instandsetzungsmaßnahmen beschreiben und gegebenenfalls die nach Prioritäten unterteilten Maßnahmen unter Beachtung der Finanzierungsmöglichkeiten angeben.

4.2 Bestandsaufnahme

4.2.1 Recherchen zum Gebäude bzw. zur Außenwand

Dazu sind notwendig:

- Konstruktionsunterlagen (Planungsunterlagen),
- Hinweise über die wesentlichen statischen, bauwerkscharakteristischen, zweck- und gebrauchsbestimmenden Merkmale,
- Angaben (soweit vorhanden) über Herstellung, Verarbeitung und Nachbehandlung,
- Angaben über spätere Veränderungen bzw. frühere Instandsetzungen,
- Hinweise auf äußere Einflüsse (Umwelteinflüsse, angrenzende Bauvorhaben u.ä.).

KATALOG AUSSENWAND   Seite 51

Checkliste zur Schadensdiagnose

Sollten keine Konstruktions- bzw. Planungsunterlagen verfügbar sein, muß eine Bestandsaufnahme durchgeführt werden.
Die Bestandsaufnahme läßt sich unterteilen in

- Aufmaß und Anfertigen von Bestandsunterlagen (hier nicht näher erläutert),
- visuelle, zerstörungsfreie Prüfungen und
- zerstörende bzw. zerstörungsarme Prüfungen.

Die nachfolgenden Tabellen geben einen Überblick über die durchzuführenden Prüfungen und Verfahren (in Anlehnung an die Richtlinie für Schutz und Instandsetzung von Betonbauteilen des Deutschen Ausschusses für Stahlbeton) /8; Teil 3/.

4.2.2 Visuelle, zerstörungsfreie Prüfungen

Gegenstand der Prüfung	Prüfverfahren	Erläuterung/ Beschreibung siehe Abschnitt
- Erscheinungsbild/Struktur	Augenschein	4.2.4.1
- lose/lockere, ungenügend eingebundene Teile (z.B. Kies oder Splitt)	Augenschein, Kratz- und Wischprobe	4.2.4.1
- abmehlende/absandende oder abgewitterte Oberfläche (z.B. Putze)	Augenschein, Wischprobe	4.2.4.1
- Abplatzungen, Hohl- bzw. Fehlstellen, Kiesnester, nicht haftende Ausbesserungsstellen u.ä.	Augenschein, Hammerklopfen	4.2.4.1

KATALOG AUSSENWAND Seite 52   **C**

Checkliste zur Schadensdiagnose

Gegenstand der Prüfung	Prüfverfahren	Erläuterung/ Beschreibung siehe Abschnitt
- sich lösende Zementhaut und Farbanstriche	Augenschein, Kratzprobe	4.2.4.1
- Verfärbungen durch Rostfahnen, Feuchteeinwirkungen, Bewuchs	Augenschein	4.2.4.1
- Ausblühungen/Aussinterungen	Augenschein, chemische Untersuchung auf Chloride/Sulfate	4.2.4.1 / 4.2.4.18
- artfremde Stoffe (Altbeschichtungen, Öl, Trennmittel usw.)	Augenschein, Benetzbarkeit	4.2.4.2
- Rissbreite	Augenschein und Messungen	4.2.4.3
- Verkantung und Verwölbung von Elementen	Ebenheitsmessungen	4.2.4.4
- wärmetechnische Homogenität der Außenwand	Infrarot-Thermografie	4.2.4.5
- Druckfestigkeit	Rückprallhammer nach DIN 1048 Teil 2 und 4 (nicht an Wetterschutzschichten)	4.2.4.8
- Korrosion der Bewehrung	Potentialdifferenzmessung	4.2.4.10
- Wasseraufnahme von Putzen	Wassereindringprüfung nach Karsten	4.2.4.13

KATALOG AUSSENWAND	Seite 53	**C**
Checkliste zur Schadensdiagnose		

4.2.3 Zerstörende bzw. zerstörungsarme Prüfungen

Gegenstand der Prüfung	Prüfverfahren	Erläuterung/ Beschreibung siehe Abschnitt
- Rißtiefe, Zustand der Rißflanken	- Bohrkernentnahme und Messung der Rißtiefe entlang der Rißflanken - pH-Wert-Bestimmung	4.2.4.3 4.2.4.7
- Schichtenaufbau	Bestimmung und Messungen an Bohrkernen	4.2.4.6
- Karbonatisierungstiefe	pH-Wert-Bestimmung an frischen Bruch- bzw. Stemmstellen	4.2.4.7
- Lage und Durchmesser der Bewehrung, Betondeckung	Betondeckungsmeßgerät, Messungen am Bohrkern oder freigelegten Bewehrungen	4.2.4.9
- Durchmesser des Bewehrungsstahls bei Abrosten	Vermessen mit Meßlehre (Laboruntersuchung)	4.2.4.6 4.2.4.9
- Abrißfestigkeit	Haftzugprüfung nach DIN 1048 Teil 2 und 6	4.2.4.11
- Feuchtegehalt von Leichtbeton und Wärmedämmstoffen	Stemmproben, gravimetrische Feuchteprüfung	4.2.4.19
- Verbundfestigkeit zwischen Materialschichten	Verbundfestigkeitsprüfung	4.2.4.12
- Druckfestigkeit	Druckfestigkeitsprüfung nach DIN 1048 Teil 2 und 4 (Laboruntersuchung)	4.2.4.14
- Schadstellen aus chemischen Prozessen (AKR, Ettringit)	Floureszenz-Test, qualitativer Nachweis (unter Mikroskop), quantitativer Nachweis (Längenausdehnung in der Klimakammer) (Laboruntersuchung)	4.2.4.15 4.2.4.16
- Art und Lage der Verankerungen zwischen Trag- und Wetterschutzschicht	Thermografie, Stemmproben und Beurteilung der Verbindungsmittel	4.2.4.5 4.2.4.17

KATALOG AUSSENWAND	Seite 54	**C**
Checkliste zur Schadensdiagnose		

Die erkannten Schäden und Mängel sowie die Lage von Bohrkernentnahmen und baustofflichen Untersuchungsstellen sind durch Bestands- und Detailzeichnungen sowie fotografisch zu dokumentieren.
Himmelsrichtung und Lage am Gebäude sind zu berücksichtigen und zu kennzeichnen, um gegebenenfalls eine differenzierte Auswertung zu ermöglichen.

Eine Befragung der Nutzer vor Ort gibt zusätzliche Informationen und kann Teil der Bestandsaufnahme sein.

Die am Gebäude entnommenen Bohrkerne werden labortechnisch untersucht. Im Ergebnis können Vergleiche zu den Werten der Planungsunterlagen erfolgen.

KATALOG AUSSENWAND	Seite 55	**C**
Checkliste zur Schadensdiagnose		

4.2.4 Erläuterungen und Kurzbeschreibung zu Prüfverfahren

4.2.4.1 Prüfung nach Augenschein

Die Oberfläche wird visuell geprüft. Oberflächennahe Hohlstellen können durch Klangunterschiede beim Abklopfen festgestellt werden. Abmehlen, Absanden und Staubbelegung lassen sich mit Hilfe einer Wischprobe qualitativ beschreiben.

Die Kratzprobe ermöglicht eine mengenmäßige Gegenüberstellung von Prüffläche und losen/lockeren Teilen, die sich nach Überstreichen bzw. Kratzen gelöst haben.

4.2.4.2 Prüfung der Benetzbarkeit von Betonoberflächen /8, Teil 3/

(1) Das Verfahren liefert Anhaltswerte zur Beurteilung der Saugfähigkeit von Oberflächen.

(2) Die Benetzbarkeit einer Oberfläche wird durch Aufspritzen von Wasser und Bewertung des Abperleffektes (nicht, schwach oder ausgeprägt abperlend) geprüft. Mittels einer Spritzflasche werden dazu einige Tropfen Wasser auf die zu prüfende Fläche gegeben. Es kann sich eine Durchfeuchtung des oberflächennahen Bereichs, erkennbar an der Bildung dunkler Flecken, einstellen oder eine mehr oder weniger stark ausgeprägte Tropfenbildung (Abperleffekt) ergeben.

(3) Der Abperleffekt wird von der Oberflächenbeschaffenheit - im wesentlichen Porosität und Verschmutzung - sowie ggf. der Art einer Oberflächenbehandlung und der dabei verwendeten Stoffe beeinflußt. Er erlaubt in der Regel jedoch keine genügend sichere Beurteilung der Wirksamkeit von Imprägnierungen.

KATALOG AUSSENWAND　　　　Seite 56	C
Checkliste zur Schadensdiagnose	

4.2.4.3 Rißuntersuchungen

(1) Bei Vorhandensein von Rissen dringt Kohlendioxyd in den Riß ein, so daß die Rißoberflächen durchkarbonatisieren. Ist die Rißtiefe groß und erreicht die Rißwurzel den Bewehrungsstahl, so ist ein Korrosionsschutz im Bereich des Risses nicht mehr gegeben.

Die in DIN 1045 zugrundegelegte zulässige Rißbreite von 0,2 mm hat in der Vergangenheit zu keinen Schäden im Bereich der Risse geführt. Neuere Untersuchungen haben ergeben, daß Rißbreiten unter 0,3 mm unschädlich für eine mögliche Korrosion der Stahlbewehrung sind. Erst bei größeren Rißbreiten ist mit Schäden zu rechnen.

Zur Ermittlung der Rißbreite werden am zweckmäßigsten Vergleichsmaßstäbe verwendet. Zum Ausmessen der Risse kann es unter Umständen von Vorteil sein, durch Besprühen der Betonoberflächen mit Wasser den Rißverlauf zu verdeutlichen: Durch die Benetzung der Betonoberfläche mit Wasser wird das Wasser in die Risse kapillar eingesogen und die Risse zeichnen sich nach dem Abtrocknen des Wassers von der Betonoberfläche dunkel gegenüber der übrigen Betonfläche ab, weil in den Rissen das Wasser kapillar eingedrungen ist und nur langsam verdunstet.

(2) An Bohrkernen lassen sich Rißtiefen und der Zustand der Rißflanken feststellen. Die Entnahme stellt stets eine Störung dar und sollte daher auf Ausnahmefälle beschränkt bleiben bzw. gezielt in Verbindung mit anderen Untersuchungen, zu denen Bohrkernentnahmen notwendig sind, vorgenommen werden.

KATALOG AUSSENWAND	Seite 57	**C**
Checkliste zur Schadensdiagnose		

4.2.4.4 Ebenheitsmessungen

Ebenheitsmessungen und Feststellungen von Maßabweichungen sind nach DIN 18202 durchzuführen.

4.2.4.5 Infrarot-Thermografie

Bei der Infrarot-Thermografie wird die von einer Wandoberfläche abgestrahlte Wärme gemessen.
Durch die Messung ist es möglich, Stellen mit höherer Wandoberflächentemperatur zu orten. Solche Stellen stellen in der Regel Wärmebrücken dar, bei denen ein erhöhter Wärmefluß von der warmen Seite (in der Regel Gebäudeinnenseite) zur Außenseite vorhanden ist.
Die stählernen Traganker, mit denen die Wetterschutzschalen an der inneren Wandschicht befestigt sind, stellen u.a. solche Wärmebrücken dar. Mit der Infrarot-Thermografie ist es im allgemeinen möglich, die Lage der Anker auf den thermografischen Aufnahmen einer Außenwand zu messen /9/.
Abb. 4.1 zeigt die thermografische Aufnahme einer Außenwand, auf der die Position der einzelnen Anker zu erkennen sind.

Das Meßergebnis - d.h. die Visualisierung der Traganker - wird im wesentlichen von folgenden Parametern beeinflußt:

- Temperaturdifferenz zwischen der Rauminnenluft und der Außenluft; bei Messungen im Sommer wird empfohlen, die Nachtkühle auszunutzen.
- Emmissionsgrad der äußeren Wandoberfläche
- Windgeschwindigkeit
- externe Wärmezustahlung
- "Ausführung" der Wärmebrücke ("Betonpfropfen" um Traganker).

KATALOG AUSSENWAND	Seite 58	C
Checkliste zur Schadensdiagnose		

Die Messungen sind vorzugsweise in den Abend- und Nachtstunden durchzuführen; sie erfordern große Erfahrung und sind Spezialisten vorbehalten.

Abb. 4.1: Thermografische Aufnahme zur Überprüfung der Anzahl und Lage von Tragankern in Dreischichtenplatten (Foto der Firma Barg, Berlin) /9/
Hinweis: Zur Verdeutlichung wurde die Aufnahme retuschiert.

KATALOG AUSSENWAND	Seite 59
Checkliste zur Schadensdiagnose	

4.2.4.6 Bestimmung des Schichtaufbaus

Die Bestimmung des Schichtaufbaus mehrschichtiger Außenwände erfolgt am zweckmäßigsten mit Kernbohrungen, wobei die bei den Bohrungen genommenen Kerne noch für materialtechnische Untersuchungen (Festigkeitsuntersuchungen) verwendet werden können.

Da erfahrungsgemäß bei Dreischichtenplatten die Dicke der Wetterschutzschichten stark schwankt, ist die Schichtdicke unter Beachtung statistischer Gesetzmäßigkeiten zu bestimmen; z.B. diejenige Dicke, die mit 90-%iger Wahrscheinlichkeit nicht über- bzw. unterschritten wird. Die Kernbohrungen sollten hierbei zur Hälfte in denjenigen Bereichen der Außenwände angeordnet werden, in den die Traganker erfahrungsgemäß vorhanden sind. Dies empfiehlt sich deswegen, weil für die Beurteilung der Standsicherheit im Bereich der Verankerung die Kenntnis bezüglich der Schichtdicke erforderlich ist, um eine Aussage über die ausreichende Verankerung der Traganker in den Wetterschutzschichten treffen zu können.

Soll die Dicke der Wetterschutzschichten nur durch Bohrungen (z.B. ⌀ 16 mm) festgestellt werden, so ist hierbei zu berücksichtigen, daß beim Bohren mit Schlaghammerbohrmaschinen auf der Rückseite der Wetterschutzschicht ein Betonkegel abplatzen kann. Beim Messen der Schichtdicke ist deshalb mit einem abgewinkelten Draht, der in das Bohrloch eingeführt wird, der Ausbruchkegel heranzuziehen und erst dann ist die Dicke auf dem Draht auszumessen (Abb. 4.2).
Vergleichsmessungen haben gezeigt, daß erfahrene Meßtechniker hinreichende Maßgenauigkeiten erreichen können.

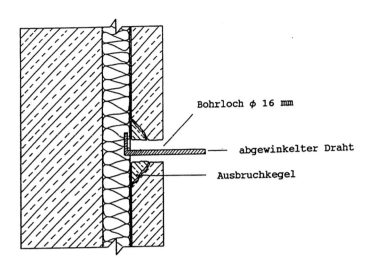

Abb. 4.2: Messung der Wetterschutzschalendicke einer Dreischichtenplatte unter Berücksichtigung des beim Bohren entstehenden Ausbruchkegels. -
Der Ausbruchkegel ist durch den abgewinkelten Draht zur Bruchfläche heranzuziehen.

4.2.4.7 Messung der Karbonatisierungstiefe

Der Korrosionsschutz ist gegeben, wenn der pH-Wert des Betons größer ist als 9,5 /8/.

Die Karbonatisierungstiefe gibt die Tiefe im Beton an, in der bereits die ursprünglich vorhandene Alkalität soweit vermindert bzw. abgebaut ist, daß in diesen Bereichen kein ausreichender Korrosionsschutz mehr gegeben ist (pH < 9,5).

Der pH-Wert stellt die Konzentration der H- bzw. OH-Ionen im Bauteil dar. Die pH-Wert-Messung kann mit Indikationspapieren, mit Indikationsflüssigkeit sowie mit pH-Meßelektroden durchgeführt werden. Im Bereich des Betons haben sich Indikatorflüssigkeiten, die auf die frischen Betonbruchstellen aufgesprüht werden, durchgesetzt.

KATALOG AUSSENWAND	Seite 61	C
Checkliste zur Schadensdiagnose		

Als Indikatorflüssigkeit eignet sich am besten eine Mischung aus einer 0,1%igen Phenolphthalein-Lösung in Alkohol mit einer 0,1%igen Thymolphtalein-Lösung in Alkohol im Verhältnis 1:1, bei der der Farbumschlag sehr scharf und deutlich zu sehen ist.

Die Verwendung einer 0,1%igen Phenolphthalein-Lösung in Alkohol ist nur bedingt geeignet, da der Farbumschlag im pH-Wertbereich von 8,2 bis 9,8 in Abhängigkeit vom Karbonatgehalt des Betons erfolgt. - Sind die im Beton vorhandenen Karbonate (Kalkstein) infolge der SO_2-Belastung der Luft in Kalziumsulfat (Gips) umgewandelt worden, so kann der Farbumschlag schon bei einem pH-Wert von 8,2 erfolgen. Das bedeutet, daß, wenn der Beton nicht nur infolge der CO_2-Belastung karbonatisiert ist, sondern infolge der SO_2-Belastung auch zu sulfatisieren beginnt, die Phenolphthalein-Indikatorflüssigkeit zu einer Überschätzung der Betonalkalität führen kann.

4.2.4.8 Zerstörungsfreie Prüfung der Druckfestigkeit

Für die zerstörungsfreie Prüfung der Betondruckfestigkeit kann der Schmidt'sche Rückprallhammer verwendet werden (s. DIN 1048). Für die Ermittlung der Betondruckfestigkeit im Bereich der Wetterschutzschichten dreischichtiger Außenwände wird diese Methode nicht empfohlen, weil damit Fehlbeurteilungen möglich sind (zu dünne und vibrierende Bauteile). - Anzuwenden ist in diesen Fällen ausschließlich die zerstörende Prüfung (siehe Abschnitt 4.2.4.14).

4.2.4.9 Messung der Betondeckung

Liegt der Bewehrungsstahl im karbonatisierten Beton (pH < 9,5), wird es bei Vorhandensein von Sauerstoff und Wasser bzw. Wasserdampf zu einem Korrosionsvorgang kommen.
Ein Korrosionsvorgang wird demnach stattfinden, wenn die Betondeckung des Stahles kleiner als die vorhandene Karbonatisierungstiefe ist. Aus diesem Grunde ist es erforderlich, die Betondeckung der Bewehrung zu bestimmen, um eine Aussage treffen zu können, ob die Bewehrung im karbonatisierten oder nichtkarbonatisierten Beton liegt.

Für die Ermittlung der Betondeckung werden Bewehrungssuchgeräte verwendet, die auf dem Prinzip des Wirbelstromverfahrens beruhen. Mit diesen Geräten können sowohl die Lage als auch die Richtung der Bewehrungsstähle relativ genau ermittelt werden.
Folgende Messungen sind möglich:

- Bestimmung des Stabdurchmessers, wenn sowohl die Betondeckung als auch die Stahlgüte bekannt sind,

- Bestimmung der Betondeckung, wenn Stahldurchmesser und Stahlgüte bekannt sind und

- Bestimmung der Stahlgüte, wenn sowohl der Durchmesser als auch die Überdeckung bekannt sind.

Für sämtliche o.g. Messungen sind gerätespezifische Eichkurven erforderlich. Es wird empfohlen, vor jeder größeren Messung das Gerät auf der Baustelle zu kalibrieren /10/.

4.2.4.10 Potentialdifferenzmessung

Stellen, an denen die Karbonatisierungstiefe zum Zeitpunkt der Untersuchung gerade erst die Stahloberfläche erreicht hat und bei der eine Korrosion vorhanden ist, können sehr gut mit dem Verfahren der Elektro-Potential-Differenzmessung geortet werden. Das Prinzip der Meßdurchführung ist in /10/ beschrieben. In Abb. 4.3 ist der Meßvorgang dargestellt.

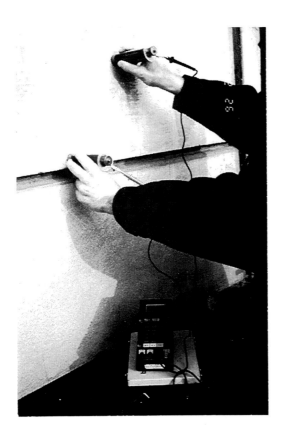

Abb. 4.3: Methode der Potentialdifferenzmessung zum Auffinden korrodierter Bewehrung im Beton

4.2.4.11 Haftzugfestigkeit/Abrißfestigkeit

Unter der Haftzugfestigkeit versteht man die auf eine definierte Prüffläche bezogene, rechtwinklig zur Beschichtungsebene wirkende Zugkraft, die erforderlich ist, um eine Beschichtung vom Untergrund zu trennen /8; Teil 3/.

Es werden Prüfstempel (Abzugplatten) aus Stahl mit kreisförmiger Klebefläche (Durchmesser d_S = 50 mm ± 2 mm) verwendet und mit einem geeigneten Kleber befestigt.
Um den Prüfstempel wird eine Ringnut (bündig) geschnitten - bei harten Beschichtungen mit einer Bohrkrone.
Mit der Prüfeinrichtung wird die Kraft, die zum Abreißen des Stahlstempels nötig ist, gemessen und in die Oberflächenhaftzugfestigkeit umgerechnet.

Folgende Ergebnisse sollten unterschieden werden:

- Bruch im Beton
- Bruch in der Grenzfläche Beton/Beschichtung   (x)
- Bruch in der Grenzfläche Beschichtung 1/Beschichtung 2   (x)
- Bruch in der Beschichtung
- Bruch in der Grenzfläche Beschichtung/Klebstoff
- Bruch im Klebstoff
- Bruch in der Grenzfläche Klebstoff/Stahl

Zur Berechnung der Haftzugfestigkeit werden nur die Trennfälle (x) herangezogen /8: Teil 3/.

KATALOG AUSSENWAND	Seite 65
Checkliste zur Schadensdiagnose	

4.2.4.12 Verbundfestigkeit zwischen Betonschichten

Die Verbundfestigkeit zwischen einzelnen Betonschichten kann erheblich geringer als die Festigkeit der angrenzenden Betone sein. Die Prüfung kann in Anlehnung an die Haftzugfestigkeitsprüfung erfolgen. Kriterium für den Durchmesser des Prüfstempels ist dabei die Festigkeit des Leichtbetons (d_s = 100 mm).

Ist eine Lasteinleitung über die Klebefläche aufgrund geringer Abrißfestigkeiten der Deckschicht nicht gegeben, erfolgt die Prüfung über zentrisch im Kreisring der Deckschicht verankerte Gewindestangen.

Die Prüfung der Verbundfestigkeit soll verteilt über die Außenwandoberfläche im Bereich der Plattenfuge, der Plattenecke und im Plattenzentrum erfolgen.

Beurteilungskriterium:

- Bruch im gefügedichten Beton
- Bruch in der Verbundfläche
- Bruch im Leichtbeton

4.2.4.13 Wassereindringung

Die Wassereindringung in Baustoffe oder Bauteile wird mit dem Karsten'schen Röhrchen ermittelt /8; Teil 3/. Die Messung wird wie folgt durchgeführt:

(1) Es wird das Karsten'sche Meßröhrchen mit Hilfe von plastischem Kitt wasserdicht auf der zu prüfenden Wandoberfläche befestigt und mit Wasser gefüllt. Die Zeit, in der das Wasser eindringt, ist ein Maßstab für die Wasserdichtigkeit der Wandoberfläche.

(2) Die Meßstellen sind über den Prüfbereich zu verteilen und nach statistischen Gesichtspunkten festzulegen /8; Teil 3/.

(3) Zu protokollieren sind das zeitabhängige Absinken des Wasserspiegels, die Temperaturverhältnisse und der Feuchtezustand der Oberfläche.

Als Anhaltswerte für das "Wassereindringen" je Minute und 3 cm^2 (empfohlene Prüffläche) gelten:

- Mörtelfugen an Verblendfassaden und regendichter Außenputz
  * Mittel von 10 Einzelprüfungen nicht über   0,5 ml/min
  * Einzelwerte nicht über   2,0 ml/min

- hydrophobierter Beton
  * an Außenflächen   0,1 ml/min
  * an frischen Bruchflächen   0,1 ml/min

  (Mittelwerte von je 5 Messungen, die jeweils ab 1 Minute nach Beginn der Wassereinwirkung gemessen werden, um die Oberflächenbenetzung nicht mit in die Messung einzubeziehen)

- "wasserundurchlässiger Beton" DIN 1048
  (nicht hydrophobiert)
  * an Außenfläche   0,3 ml/min
  * an frischen Bruchflächen   0,5 ml/min

KATALOG AUSSENWAND   Seite 67   **C**

Checkliste zur Schadensdiagnose

4.2.4.14 Druckfestigkeitsprüfung (zerstörend)

In DIN 1048 Teil 2 und 4 ist für Normalbeton, Leichtbeton und Porenbeton die Ermittlung einer Betonfestigkeitsklasse für die Beurteilung der Tragfähigkeit auf der Grundlage von Bohrkernprüfungen beschrieben.

Zur Beurteilung der Standsicherheit von Wänden - insbesondere der Wetterschutzschichten - wird die Betonfestigkeit an aus den Wänden nach statistischen Gesichtspunkten entnommenen Bohrkernen (DIN 1048 Teil 2 und 4) ermittelt. Vor der Prüfung sind die Bohrkerne durch Schneiden oder Auftrag einer Betonschicht abzugleichen.

Nachfolgende Übersicht zeigt die Zuordnung der Festigkeit nach TGL und DIN /1/.

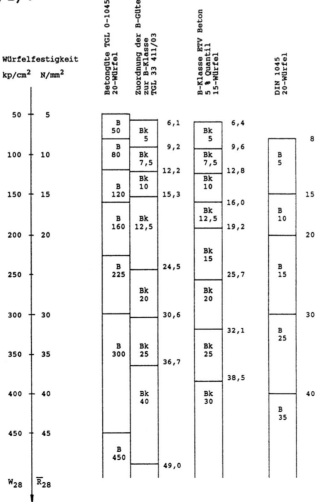

KATALOG AUSSENWAND	Seite 68	**C**
Checkliste zur Schadensdiagnose		

Leichtbetone

Die Zuordnung der Festigkeitsklasse erfolgt für Leichtbetone nach DIN 4219 bzw. DIN 4232.

Die Prüfung ist am Bohrkern mit $d_s = 100$ mm durchzuführen.

Da in den Zulassungen der Befestigungsmittel kein Plattenelement aus Leichtbeton als Verankerungsgrund geregelt ist, muß die Einordnung über die Steinrohdichte und die Steindruckfestigkeit nach DIN 18151 oder 18152 erfolgen.

Porenbeton - Gasbeton

Die Klassifizierung der Porenbetone erfolgt über die Druckfestigkeit und die Rohdichte.

Auf der Grundlage von Bohrkernen mit $d_s = 100$ mm ist ein Vergleich der Qualitätsparameter zwischen TGL und DIN möglich.

Vergleich von Qualitätsparametern der DIN 4165 (DIN 4223)[1] mit TGL 33 416/01 /1/

Parameter gem. DIN 4165 (4223)	Festigkeitsklasse Bezeichnung gem. DIN 4165 (DIN 4223)		G2	(GB3,3)	G4	GB4,4	G4	G6	
	Druckfestigkeit Mittelwert mind. in N/mm²		2,5 / 2,0[3]	(3,3)[2]	5,0 / 4,0[3]	5,0 / 4,4[2]	5,0 / 4,0[3]	7,5 / 6,0[3]	
	Rohdichte in kg/m³	400	500	(600)	600	700	700	800	700	800
Parameter gem. TGL 33 416/01	Festigkeitsklasse Bezeichnung gem. TGL 33 416/01	-	GBK 500/2,7	GBK 600/3,4	GBK 600/4,0	GBK 700/4,0	-	-	
	Druckfestigkeit Normwert der Würfeldruckfestigkeit in N/mm² 5 % Fraktile	-	2,7	3,4	4,0	4,0	-	-	
	Rohdichte Normwert der Trockenrohdichte in kg/m³	-	515	615	615	715	-	-	

[1] DIN 4223 nur zur Bestimmung der Festigkeitsklassen, Zulassungen erforderlich
[2] 5 % Fraktile
[3] kleinster Einzelwert

////// identische Klassifizierung (DIN - TGL)

KATALOG AUSSENWAND	Seite 69	**C**
Checkliste zur Schadensdiagnose		

4.2.4.15 Fluoreszenz-Test an Bohrkernbruchflächen

Der Fluoreszenz-Test dient zum in-situ-Nachweis von AKR-Neubildungen in treibgeschädigtem Beton. Der Test beruht auf dem chemischen Verhalten von alkalihaltigen AKR-Neubildungen gegenüber schwach essigsaurer Uranylacetatlösung. Es findet im geschädigten Beton ein Austausch von Alkali-Ionen gegen Uranyl-(UO_2^{2+})-Ionen statt.

Für die Prüfung wird die Probe aufgespalten und etwa 10 Minuten in eine Uranylacetatlösung gelegt.

Bei der anschließenden Beobachtung der Probe im UV-Licht werden die Bereiche, in denen AKR-Gele vorhanden sind, durch eine für das Uranyil-Ion charakteristische Fluoreszenz erkennbar.

4.2.4.16 Messung der Ettringit-Bildung

Entsprechend dem im Abschnitt 3.1 erläuterten chemischen Prozeß können unter dem Mikroskop qualitative Veränderungen des Gefüges (Gefügelockerungen, "Abheben" des Zementsteins von den Zuschlagkörnern) erkannt werden.

Der quanitative (mengenmäßige) Nachweis der Ettringit-Bildung in einem Bauteil erfolgt durch Einlagerung von Proben in der Klimakammer unter reaktionsfördernden Bedingungen (Feuchtigkeit).
Danach wird die Volumenzunahme gemessen und bewertet.

4.2.4.17 Beurteilung der Verankerung zwischen Trag- und Wetterschutzschicht

Bisherige Untersuchungen /24/ haben gezeigt, daß die Verankerung zwischen der Wetterschutzschicht und dem tragenden Beton ausreichend ist. - Bestehen jedoch Zweifel an der Tragfähigkeit der Anker, so ist nach statistischen Gesichtspunkten zunächst die Anzahl und die Lage der Traganker zu überprüfen.

KATALOG AUSSENWAND	Seite 70	C
Checkliste zur Schadensdiagnose		

An einigen Stellen ist durch Freistemmen stichprobenweise zu überprüfen, ob die Anker aus nichtrostendem Stahl bestehen (nichtrostender Stahl ist nicht magnetisch) und ob eine ausreichende Dicke der Wetterschutzschicht vorhanden ist ($d \geq 40$ mm).

4.2.4.18 Salzanalyse

Die Salzanalyse - insbesondere bei gemauerten Wänden - gibt Art und Menge der wesentlichen bauschädlichen Salzgruppen an.
Da Salze - chemisch betrachtet - das Produkt von Säuren und Laugen sind (Säure + Lauge = Salz + Wasser), ist bis auf wenige Ausnahmefälle der Nachweis von Säure-"Resten" zur weiteren Beurteilung ausreichend. Die Bestimmung der Salzart ist erforderlich, um die Einsatzmöglichkeit und Wirkstoffgruppe einer chemischen Salzbehandlung zu bewerten.

Der **halbquantitative Nachweis** gibt die Molekülmengen der bauschädlichen Salze im Baustoff in grober Mengenangabe als Belastungsstufen an. Die Zuordnung der Salzmengen zu den einzelnen Stufen ist frei gewählt, wurde aber aus einer Vielzahl untersuchter Materialproben im Zusammenhang mit der jeweils festgestellten Schadensentwicklung erarbeitet.

Stufe I: (0-2,5 mmol Salz/kg Baustoff):
Die Wandkonstruktion weist allenfalls Spuren von Salzen auf; eine Schadensbildung kann ausgeschlossen werden.

Stufe II: (2,5- 8 mmol Salz/kg Baustoff):
Die Belastung ist gering; allenfalls unter sehr ungünstigen Nebenbedingungen (z.B. große Wanddicken, gleichzeitige kapillare Wasserzufuhr) ist eine langsame Schadensbildung zu erwarten.

| KATALOG AUSSENWAND | Seite 71 | **C** |

Checkliste zur Schadensdiagnose

Stufe III: (8-25 mmol Salz/kg Baustoff):
Es besteht eine mittlere Belastung, die bei stark hygroskopischer Eigenschaft der Salze bereits zu erhöhten Wassereinlagerung im Baustoff aus der Luftfeuchte führen kann. Die Instandsetzungsfristen von Anstrichen und Putzen sind bei dieser Konzentration bereits verkürzt.

Stufe IV: (25-80 mmol Salz/kg Baustoff):
Die Standzeit von Putz und Anstrichen ist bereits verkürzt; trotz wirksamer Absperrmaßnahmen gegen aufsteigende Feuchte kann die Wandkonstruktion nicht vollständig austrocknen. Sichtbare Feuchteflecken sind wegen der hygroskopischen Eigenschaften möglich.

Beim **quantitativen Nachweis**, dessen Genauigkeit bei der Sanierung fast immer unnötig ist und schon wegen des extremen Verhältnisses von Mauermasse zu Probenmenge irrelavant bleibt, werden die Salzmengen im Baustoff entweder nach der Molekülkonzentration (mmol/kg) oder dem Masseanteil (Masse-%) im Baustoff genau ermittelt. Die Bewertungsstufen entsprechen dabei dem halbquantitativen Nachweis.

4.2.4.19 Gravimetrische Feuchteprüfung

Zur Ermittlung des Feuchtgehaltes von Leichtbeton werden Stemmproben nach der Wäge-Darr-Methode bis zur Massekonstanz getrocknet und gewogen. Aus der Massedifferenz wird der Feuchtegehalt berechnet.
Der Feuchtgehalt von Dämmstoffproben, die ohne Wasserzufuhr der Außenwand entnommen wurden, wird auf die gleiche Weise bestimmt.

KATALOG AUSSENWAND	Seite 72	**C**
Checkliste zur Schadensdiagnose		

4.3 Zusammenfassende Beurteilung des Bauzustandes

Ausgehend von der Konstruktionsart, den visuell erkannten Schäden und Mängeln sowie den baustofflichen Untersuchungen ist der komplexe Sachverhalt in einem Gutachten darzustellen und zu bewerten.

Da die Außenwand ein Bauteil der Gebäudehülle ist, sind in die Bewertung der Wärme- und Feuchtigkeitsschutz unter Berücksichtigung vorhandener Wärmebrücken der Außenwand mit einzubeziehen.

Es müssen folgende Aussagen getroffen werden:

- zur Bausubstanz
  (Konstruktion, Standort, Baujahr u.ä.)
- zur Standsicherheit
  (Vergleich der Untersuchungsergebnisse zu den Kenndaten aus Planungsunterlagen)
- zur Dauerbeständigkeit
  (Betondeckung, Karbonatisierung, Korrosion)
- zur thermischen Qualität unter Berücksichtigung von Wärmebrücken (Nachweis DIN 4108)
- zur Instandsetzung und Modernisierung unter Berücksichtigung von Streckungsmaßnahmen (Instandsetzungskonzept)

KATALOG AUSSENWAND	Seite 73
Instandsetzung und Modernisierung	

5. Maßnahmen zur Instandsetzung und Modernisierung von Außenwandkonstruktion

5.1 Übersicht und Begriffsbestimmung

Zu den Erhaltungsmaßnahmen an Außenwänden gehören:

- die Wartung und Instandhaltung,
- die Instandsetzung und
- die Modernisierung.

Erläuterung der Begriffe:

Wartung
Planmäßig durchzuführende Kontrollen zur Feststellung des Zustandes der Bauteile und ggf. Beseitigung unbedeutender Schäden (z.B. Befestigung eines des Regenfallrohres oder Arretierung eines herausgerutschten Schlagregenschutzstreifens bei einer belüfteten Vertikalfuge).

Instandhaltung
Regelmäßig durchzuführende Pflege-, Wartungs- und Reparaturarbeiten (z.B. Erneuerung des Anstrichsystems).

KATALOG AUSSENWAND — M

Seite 74

Instandsetzung und Modernisierung

Instandsetzung

Wiederherstellen des ursprünglichen Bauzustandes auf gleichem Niveau der Standsicherheit und des Gebrauchswertes, d.h. Beseitigung des bereits eingetretenen, die Nutzung beeinträchtigenden Schadensbildes durch Reparatur bzw. Ersatz einzelner Bauteile (z.B. Erneuerung von Dacheinfassungen, Beseitigung von Rissen und Betonabplatzungen, Abdichten von Fugen).

Modernisierung

Erhöhung des Gebrauchswertes, z.B. durch energieeinsparende oder wohnwertverbessernde Maßnahmen entsprechend den z.Z. geltenden technischen Regeln der Baukunst (z.B. Anbringen einer hinterlüfteten Außenwandbekleidung oder eines Wärmedämmverbundsystemes).

Rechtliche Hinweise

Bei der Instandsetzung und Modernisierung sind unabhängig davon, ob es sich um genehmigungsbedürftige oder genehmigungsfreie Vorhaben handelt, die materiellen Anforderungen der Bauordnungen einzuhalten, d.h. die allgemein anerkannten Regeln der Technik zu beachten. - Wenn für diese Maßnahmen keine allgemein bauaufsichtliche Zulassungen oder technische Baubestimmungen vorliegen, so ist für noch nicht geregelte Bauprodukte oder Bauarten der Nachweis der Brauchbarkeit durch eine Zulassung oder Zustimmung im Einzelfall zu erbringen. Letzteres gilt z.B. für die Befestigung von hinterlüfteten Außenwandbekleidungen oder Wärmedämmverbundsystemen und generell auch für solche Bekleidungen, die noch nicht nach einschlägigen Normen beurteilt werden können.

KATALOG AUSSENWAND	Seite 75	M
Instandsetzung und Modernisierung		

Die Bestimmung der Bauordnung, daß Instandsetzungs- und Instandhaltungsarbeiten keiner Baugenehmigung bedürfen, bedeutet, daß nur bei der Wiederherstellung des SOLL-Zustandes keine Baugenehmigung erforderlich ist.

Eine Modernisierung der Außenwände durch zusätzliche Anordnung einer hinterlüfteten Außenwandbekleidung oder eines Wärmedämmverbundsystems ist jedoch wie bei Neubauvorhaben ein genehmigungsbedürftiges Vorhaben.

Die einzelnen Landesbauordnungen sind ebenfalls zu beachten.

5.2 Instandsetzung

Der Instandsetzungs- bzw. Modernisierungsaufwand an Außenwänden ist vom Schädigungsgrad, den unterschiedlichen Konstruktionsarten und der Notwendigkeit, energieökonomische Baumaßnahmen einzuleiten, abhängig.

Vor allem ältere Gebäude mit ein- und zweischichtigen Außenwänden (das entspricht der Bebauung bis ca. 1972, vereinzelt auch darüber hinaus) sind zusätzlich mit einer erhöhten Wärmedämmung im Bereich der Umhüllungskonstruktion (Dach, Kellerdecke, Außenwand) zu versehen. Damit wird gleichzeitig auch eine wirksame Instandsetzung durchgeführt.

Für die im Abschnitt 3 beschriebenen typischen Schäden an den ein-, zwei- und dreischichtigen Außenwänden sind in der Tabelle 5.1 mögliche Instandsetzungsmaßnahmen dargestellt.

KATALOG AUSSENWAND   Seite 76

Instandsetzung und Modernisierung

Tabelle 5.1: Instandsetzungs- und Modernisierungsmaßnahmen, zugeordnet den typischen Schäden an Außenwänden

Schäden	Maßnahmen	Erläuterung im Abschnitt
- Risse und Abplatzungen an geputzten Oberflächen	Abklopfen des losen bzw. im Regelfall des gesamten Putzes und Erneuerung des Außenwandputzes mit geeignetem, gleichartigem Mörtel	5.2.1
- Risse und Abplatzungen an keramischen Oberflächen	Eine Instandsetzung dieser Außenwandoberflächen ist kaum möglich. Empfohlen wird das Anbringen einer wärmedämmenden Maßnahme.	5.3.2 5.3.3
- kleinflächige Betonabplatzungen, Kantenabplatzungen an Fugenrändern	Betonuntergrund mit einer Haftbrücke versehen, Ausbruchstellen mit einem Instandsetzungsmörtel verfüllen. Für Reparaturmörtel werden verwendet: - Zementmörtel (CC) - kunststoffmodifizierter Zementmörtel (PCC) - Reaktionsharzsysteme (PC)	5.2.2
- flächige Betonabplatzungen mit freiliegender Bewehrung	Spritzbeton (SCC oder SPCC)	5.2.2
- Risse im Beton * bis 0,3 mm	Aufbringen einer Oberflächenbeschichtung mit CO_2-bremsender, wasserabweisender und rißüberbrückender Wirkung	5.2.3
* über 0,3 mm	Aufschneiden der Risse und mit Reparaturmörtel verfüllen	5.2.4
- korrodierte Bewehrung (kleinflächig)	* Entfernen des karbonatisierten Betons sowie loser Teile und Staub vom Betonuntergrund, * korrodierte Betonstähle metallisch blank entrosten (Entrostungsgrad Sa 2 1/2) * Korrosionsschutz durch zweimaliges Beschichten der Bewehrung * Auftragen einer Haftbrücke * Auffüllen der Schadstelle mit Reparaturmörtel * Oberflächenschutzbeschichtung (CO_2-bremsend, wasserabweisend)	5.2.2 Korrosionsschutz 5.2.3
- poröse Betonoberflächen	Aufbringen einer Oberflächenbeschichtung mit CO_2-bremsender, wasserabweisender und rißüberbrückender Wirkung als abschließende und vorbeugende Maßnahme	5.2.3

KATALOG AUSSENWAND   Seite 77

Instandsetzung und Modernisierung

Fortsetzung Tabelle 5.1

Schäden	Maßnahmen	Erläuterung im Abschnitt
- Verwölbungen einzelner Wetterschutzschichten infolge Alkalikieselsäure-Reaktion (AKR) oder sekundäre Ettringitbildung (SEB)	Bei geringer Stückzahl pro Fassade Ersatz der geschädigten Wetterschutzschichten in manuellen Arbeitsgängen sonst wärmedämmende Maßnahmen.	5.3.2 5.3.3
- undichte Fugen	* bei geschlossenen Fugen Entfernen der alten Fugenabdichtung (Morinol) - soweit erforderlich, * Vorbereiten der Klebeflächen für Fugenbänder, * Anbringen der Fugenbänder entsprechend Merkblatt Nr. 4 des Industrieverbandes Dichtstoffe (12/1990) Polysulfid- und Silikondichtstoffe sind geeignet.	5.2.5
- komplexe Schädigung der Außenwand (Risse, Betonabplatzungen, undichte Fugen Energieverluste und/oder AKR bzw. SEB)	* hinterlüftete Außenwandbekleidung oder * Wärmedämmverbundsystem	5.3.2 5.3.3

5.2.1 Putzinstandsetzung

(1) Soweit der Putz noch eine ausreichende Festigkeit aufweist (Schraubendreherprobe) und nicht in starkem Umfang absandet (Wischprobe), sondern allenfalls oberflächennahe Netzrisse aufweist, oder es sich um nur kleinflächige Fehlstellen handelt, ist folgende Instandsetzungsmethode möglich:

- Säuberung der Putzflächen mit Heißwasser unter Druck
- Nachbessern von kleinen Fehlstellen bzw. Kanten
- Auftragen eines systemgerechten, rißüberbrückenden Beschichtungssystems

KATALOG AUSSENWAND	Seite 78	**M**
Instandsetzung und Modernisierung		

(2) Bei stark geschädigten Putzflächen mit großflächigen Abplatzungen und rauhem Gefüge sollte der gesamte Putz abgeschlagen und durch einen neuen Putz ersetzt werden.
Die Erfahrungen mit teilweise ausgebesserten Putzflächen haben gezeigt, daß die Schäden, insbesondere die Rißbildungen, an den Übergangsstellen zwischen Altputz und Neuputz wieder auftreten.

In diesem Zusammenhang ist die Frage zu prüfen, ob nicht anstelle der relativ kostenaufwendigen Putzinstandsetzung gleich eine hinterlüftete Außenwandbekleidung oder ein Wärmedämmverbundsystem als Instandsetzungs- und zugleich Modernisierungsmaßnahme gewählt werden sollte.

5.2.2 Betoninstandsetzung

Die Betoninstandsetzung ist entsprechend der Richtlinie für Schutz und Instandsetzung von Betonbauteilen des Deutschen Ausschusses für Stahlbeton /8/ durchzuführen.
Vier Teile der Richtlinie sind bisher erschienen:

Teil 1: Allgemeine Regelungen und Planungsgrundsätze (08/90)
Teil 2: Bauplanung und Bauausführung (08/90)
Teil 3: Qualitätssicherung der Bauausführung (02/91)
Teil 4: Qualitätssicherung der Bauprodukte (11/92)

KATALOG AUSSENWAND — Seite 79

M

Instandsetzung und Modernisierung

In /8; 11/ werden die Planung, Durchführung und Überwachung von Schutz- und Instandsetzungsmaßnahmen für Bauwerke und Bauteile aus Beton und Stahlbeton nach DIN 1045 geregelt:

- Freilegen aller erkennbaren Schadensstellen

- Vorbehandlung des Betonuntergrundes

- Wiederherstellung des dauerhaften Korrosionsschutzes bereits korrodierter Bewehrung

- Herstellung des dauerhaften Korrosionsschutzes der Bewehrung

- Aufbringen einer Haftbrücke. Die Haftbrücke auf Altbeton für hydraulisch abbindende Betone ist vorzugsweise aus Zementschlämme herzustellen.

- Erneuerung des Betons (Reprofilierung) im oberflächennahen Bereich (Randbereich), wenn der Beton durch äußere Einflüsse oder infolge Korrosion der Bewehrung geschädigt ist.

- Füllen von Rissen

- Beschichtung von Oberflächen

Diese Art der Betoninstandsetzung ist empfindlich, weil die Funktionssicherheit von der gewissenhaften Ausführung sämtlicher genannter Arbeitsschritte abhängig ist.

Untergrundvorbehandlung

Die Betonflächen sind gemäß /8; Teil 1 und 2/ vorzubereiten, daß ein sauberer, fester und gegebenenfalls trockener Untergrund entsteht, frei von losen Teilen und trennenden Substanzen. Hohlstellen u.ä. müssen ausreichend geöffnet werden, Vertiefungen und größere Fehlstellen (z.B. Kiesnester) sind zu bearbeiten. Die bei der Entfernung von geschädigtem Beton und bei der Freilegung von Bewehrung entstehenden Ausbruchufer sind unter etwa $45°$ zur verbleibenden Bauteiloberfläche herzustellen.

KATALOG AUSSENWAND	Seite 80	
Instandsetzung und Modernisierung		

Korrosionsschutz

Der Korrosionsschutz kann nach folgenden Prinzipien erfolgen:

- Instandsetzungsprinzip C
  Korrosionsschutz durch Beschichtung (Coating) der Bewehrung. Als Betonersatzsystem kann entweder ein Reaktionsharzsystem (Typ PC = Polymerconcrete) oder ein Zementmörtel mit Kunststoffzusatz (Typ PCC = Polymercementconcrete) verwendet werden.

- Instandsetzungsprinzip R
  Korrosionsschutz durch Wiederherstellung des alkalischen Milieus (Bildung einer Passivschicht auf der Stahloberfläche), z.B durch Auftragen eines hydraulisch erhärteten Mörtels oder Betons. Als Haftbrücke ist auch eine Zementschlämme geeignet.

- Instandsetzungsprinzip K
  Kathodischer Korrosionsschutz, d.h. durch Anlegen eines Fremdstromes wird der Korrosionsvorgang unterbrochen. Mit dieser Art der Instandsetzung bestehen im Hochbau noch relativ geringe Erfahrungen.

- Instandsetzungsprinzip W
  Korrosionsschutz durch Begrenzen des Wassergehaltes im Beton, so daß die elektrolytische Leitfähigkeit im Beton unterbrochen wird, wodurch die Korrosionsgeschwindigkeit auf praktisch zu vernachlässigende Werte absinkt.

Für die in industrieller Bauweise vorkommenden Außenwände wird in der Regel das Instandsetzungsprinzip C oder W verwendet.

Bei dem Instandsetzungsprinzip C dürfen zur Entrostung der korrodierten Bewehrungsstahloberflächen nur mechanische Verfahren angewandt werden. Dazu ist die Strahlentrostung mit trockenen oder feuchten Strahlmitteln geeignet.

KATALOG AUSSENWAND   Seite 81

Instandsetzung und Modernisierung

Soweit die Bewehrung bereichsweise im festen aber karbonatisierten Beton liegt, ist die Bewehrung von allen Seiten - rundherum - freizulegen und wirksam gegen Korrosion zu schützen.

Die Stahloberflächen müssen mindestens den Normreinheitsgrad Sa 2 1/2 aufweisen.

Als Korrosionsschutz für die Stahloberflächen kommen kunststoffmodifizierte Zementschlämmen und reaktionshärtende Systeme in Frage.

Die Beschichtung ist in zwei Arbeitsschritten aufzutragen. Bei Zementschlämmen ist ein abschließendes Besanden zur Verbesserung des Haftverbundes nicht erforderlich.

Bei einer zweikomponentigen, verschiedenfarbig pigmentierten Epoxidharz-Grundierung ist nach Aushärtung des 1. Anstriches auf den 2. frischen Anstrich Quarzsand der Körnung 0,7 bis 1,2 mm, vollflächig aufzustreuen.

Betonersatzsysteme (Reprofilierung)

Als Betonersatz können folgende Baustoffe verwendet werden:

- Betone mit hohem Widerstand gegen Frost-Tauwechsel (CC)
- Spritzbetone (SCC)
- Spritzmörtel/-beton mit Kunststoffzusatz (SPCC)
- Zementmörtel/-beton mit Kunststoffzusatz (PCC)
- Reaktionsharzmörtel/Reaktionsharzbeton (PC)

Definition der oben genannten Betonarten:

- **Typ CC (Cement Concrete):**
  hydraulisch erhärteter Beton, dem keine oder nur geringfügige Mengen an Betonzusatzmitteln zugegeben werden.

KATALOG AUSSENWAND	Seite 82	**M**
Instandsetzung und Modernisierung		

- **Typ SC (Shotcrete):**
  Spritzbeton (SCC und SPCC)

- **Typ PCC (Polymer Cement Concrete):**
  hydraulisch erhärteter Beton mit Kunststoffzusatz; d.h. das Bindemittel besteht aus Zement, dem zur Verbesserung bestimmter Eigenschaften Polymere zugemischt werden.

- **Typ PC (Polymer Concrete):**
  Betonersatzsystem aus Reaktionsharzmörtel (z.B. Epoxidharz), d.h., das Bindemittel besteht aus Kunstharz.

Bei Normalbeton bzw. Spritzbeton handelt es sich um normmäßig erfaßte Baustoffe nach DIN 1045 bzw. DIN 18 551.
Für die drei nichtgenormten, kunststoffhaltigen Baustoffgruppen SPCC, PCC und PC ist der Eignungsnachweis über eine Grundprüfung auf Antrag des Materialherstellers (ggf. auch eines Vertreibers) zu führen.

Der Einsatz der genannten Baustoffe erfolgt

- zur Erhöhung der Betondeckung,
- zur Verfüllung örtlicher Betonfehlstellen,
- zur Verstärkung der Bauteilquerschnitte.

Entsprechend /8; Teil 2/ werden die Beanspruchungsgruppen M1 bis M4 unterschieden. Für die in diesem Katalog genannten Außenwände gelten im allgemeinen die Forderungen der Beanspruchungsklasse M1: Die Betone bzw. Mörtel müssen zum Ausfüllen von Fehlstellen des Betonuntergrundes geeignet sein. Sie müssen eine ausreichende Festigkeit als Untergrund für die vorgesehenen Oberflächenschutzsysteme (OS) aufweisen.

Bei geringer bis mittlerer Schädigung sollten je nach Umfang und Art der Schädigung die Baustoffe CC bzw. PCC oder SPCC eingesetzt werden.

KATALOG AUSSENWAND	Seite 83	**M**
Instandsetzung und Modernisierung		

5.2.3 Oberflächenschutz

Als vorbeugenden Schutz, aber auch als abschließende Maßnahme einer Instandsetzung der Außenwände ist das Aufbringen eines Oberflächenschutzsystems erforderlich.
Entsprechend den Anforderungen an Stoffe und Systeme und ausgehend vom Anwendungsbereich gibt es 12 verschiedene Oberflächenbeschichtungssysteme /8; Teil 2/.

Als Oberflächenschutzmaßnahmen für Außenwände gelten:

- hydrophobierende Imprägnierung (OS1) bei Rißbreiten $w \leq 0,3$ mm
- Versiegelung (OS2)
- filmbildende Beschichtung mit differenzierten Eigenschaften: diffusionsfähig, diffusionsdicht, rißüberbrückend, verschleißfest, chemikalienbeständig (OS4 und OS5)

In Tabelle 5.2 sind die für die Instandsetzung von Außenwänden aus Betonfertigteilen geeigneten Oberflächenschutzsysteme entsprechend /8; Teil 2/ aufgeführt. - Die übrigen Oberflächenschutzsysteme gelten für andere Anwendungsbereiche.

KATALOG AUSSENWAND   Seite 84

Instandsetzung und Modernisierung

Tab. 5.2: Geeignete Oberflächenbeschichtungssysteme für Außenwände des industriellen Wohnungsbaus

System	Kurzbeschreibung	Anwendungsbereich	Aufbau
OS 1	hydrophobierende Imprägnierung	Feuchteschutz bei vertikalen und geneigten, frei bewitterten Betonflächen	mindestens zweimaliges Auftragen durch Fluten oder vergleichbares Verfahren
OS 2	Versiegeln für nicht befahrbare Flächen	vorbeugender Schutz von freibewitterten Betonflächen im Neubaubereich für senkrechte Flächen und Unterseiten	- hydrophobierende Imprägnierung (gemäß OS 1) - ggf. nicht pigmentierte, farblose Grundierung zur Reduzierung der Saugfähigkeit und zur Verfestigung des Untergrundes - mind. zwei farblose, lasierende oder pigmentierte Deckschichten
OS 4	Beschichtung für nicht befahrbare Flächen	Fassaden (mechanisch nicht belastete, freibewitterte Betonflächen)	- Spachtelung zum Füllen von Fehlstellen, Poren und Lunkern - ggf. hydrophobierende Imprägnierung gem. OS 1 im zweimaligen Auftrag - ggf. nicht pigmentierte, ungefüllte Grundierung zur Reduzierung der Saugfähigkeit und Verfestigung des Untergrundes - zwei pigmentierte Deckschichten
OS 5	Beschichtung für nicht befahrbare Flächen mit mind. sehr geringer Rißüberbrückung	Fassaden (mechanisch nicht belastete, freibewitterte Betonflächen) Regelmaßnahme bei Instandsetzungen nach Korrosionsschutzprinzipien W und C, wenn mindestens sehr geringe Rißüberbrückungsfähigkeit gefordert wird	- Spachtelung zum Füllen von Fehlstellen, Poren und Lunkern und zum Erreichen einer ebenen, gratfreien Oberfläche - in der Regel nicht pigmentierte, verfestigende und ggf. hydrophobierende Grundierung zur Reduzierung der Saugfähigkeit und Verfestigung des Untergrundes - zwei bis vier Deckschichten

KATALOG AUSSENWAND	Seite 85	**M**
Instandsetzung und Modernisierung		

5.2.4 Rißbeseitigung

Reichen die vorgenannten rißüberbrückenden Oberflächenschutzsysteme zur Beseitigung der Risse (bis 0,3 mm) nicht aus, sind Risse mit Rißbreiten über 0,3 mm mit anderen Maßnahmen zu beseitigen. Diese können grundsätzlich nach /8; Teil 2/ sein:

- Tränkung (ohne Druck) mit Epoxidharz oder
- Injektionen (unter Druck) mit Epoxidharz oder Polyurethanharz oder Zementleim.

Wesentliche Eigenschaften der Füllstoffe sind:

- ausreichend niedrige Viskosität
- gute Verarbeitbarkeit
- geringer reaktionsbedingter Volumenschwund
- ausreichende Haftzugfestigkeit an den Rißufern
- ausreichende Festigkeit
- hohe Alterungsbeständigkeit

Das Beseitigen der Risse erfolgt zum Zweck des Schließens und Abdichtens, um das Eindringen von Wasser und korrosionsfördernden Stoffen zu verhindern. Eine kraftschlüssige Verpressung der Risse ist in der Regel nicht erforderlich.
Das erfolgreiche Schließen von Rissen setzt von der Art des Füllens und vom zu verwendenden Füllstoff abhängige Mindestbreiten und bestimmte Konstruktionsarten voraus /8; Teil 2/.

Die Injektionsmethode mit Packer ist für das Schließen von Rissen nicht geeignet, weil das Injektionsgut bei zu hohem Druck aus dem Riß in die Wandkonstruktion (z.B. in die Wärmedämmung bei dreischichtiger Außenwand oder in den Leichtbeton z.B. bei einschichtigen Wänden) abfließen kann.
Eine Tränkung von Rissen im Wandbereich ist in der Regel mit ausführungstechnischen Schwierigkeiten verbunden. Bewährt hat sich das Aufschneiden und Verfüllen der Risse mit PCC, besonders wenn abschließend ein Oberflächenschutz (OS 5) zur Anwendung kommt.

5.2.5 Fugeninstandsetzung

Zur Instandsetzung schadhafter Fugenabdichtung gibt es grundsätzlich folgende Möglichkeiten:

- Abdichten von Außenwandfugen im Hochbau mit Elastomer-Fugenbändern unter Verwendung von Klebstoffen entsprechend IVD-Merkblatt Nr. 4 (Industrieverband Dichtstoffe), 12/90,
- Abdichten von Außenwandfugen im Hochbau mit Fugendichtstoffen entsprechend DIN 18 540, 10/88,
- Abdichten der Fugen mit vorkomprimierten Fugendichtungsbändern.

Instandsetzung mit aufgeklebten Fugenbändern

Bei abweichender und ungenauer Fugengeometrie ist eine Instandsetzung mit aufgeklebten Fugenbändern zu empfehlen.
Ein Fugenband ist ein industriell vorgefertigtes elastisches Kunststoffband, z.B. aus Polysulfid, Silikon oder Polyurethan. Es wird entsprechend den Richtlinien des Industrieverbandes Dichtstoffe und Abbildung 5.1 über die instandzusetzenden Fugen geklebt. Als Kleber dienen Materialien auf der Basis des Fugenbandes.

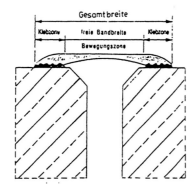

Abb. 5.1: Abdichtungsprinzip mit Fugenband

Eine Produktübersicht über geeignete Fugenbänder ist in /12/ enthalten.

Bei unterdimensionierten Fugen wird durch die freie Bandbreite eine den technischen Erfordernissen entsprechende Dehnungszone hergestellt. Die Fugenbreite muß zur Vermeidung von Zwangsspannungen der Bauteile mindestens 5 mm breit sein.

Bei nicht parallel verlaufenden Fugenflanken und fehlenden Abfasungen der Kanten von Betonbauteilen werden durch das Fugenband diese Fehlstellen bei entsprechenden Bandbreiten überbrückt.

Bei Aufbringen eines Oberflächenschutzes ist dieser besonders an den Fugendichtstoff bzw. den Fugenbändern anzuarbeiten /13/. Der Fugenwerkstoff darf grundsätzlich nicht überstrichen werden, wenn die Sytemverträglichkeit nicht nachgewiesen ist.
Die folgenden Abbildungen stellen zwei mögliche Varianten dar.

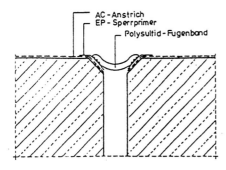

Abb. 5.2:
Verklebung eines Polysulfidbandes nach Aufbringen des Methalcrylatanstriches /13/

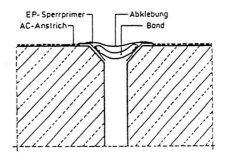

Abb. 5.3:
Verklebung eines Polysulfidbandes vor Ausführung des Methalcrylatanstriches /13/

Bei Abb. 5.2 wird das Anstrichsystem zuerst auf die Wand aufgetragen. Damit der Kleber des Fugenbandes nicht mit dem Anstrich in Reaktion tritt, wird anschließend im Fugenbereich ein Sperrprimer auf Epoxidharzbasis aufgetragen. Auf diesen Sperrprimer

wird abschließend das Fugenband aufgeklebt. Der unterschiedliche Glanzgrad des Sperrprimers ist in ästhetischer Hinsicht zu beachten.
Bei der Instandsetzung entsprechend Abb. 5.3 wird zuerst der Sperrprimer und danach das Fugenband aufgebracht; sollte ein Anstrichsystem erforderlich sein, so wird dieses gegen den Sperrprimer gestrichen. Das Fugenband sollte während der Durchführung der Malerarbeiten durch ein Schutzband abgeklebt werden.

Instandsetzung mit vorkomprimierten Fugendichtungsbändern

Das vorkomprimierte Fugendichtungsband besteht häufig aus Polyurethan-Schaumstoff, imprägniert mit einem Paraffin-Neoprengemisch.
Das Band wird bei der Herstellung auf ca. 15 bis 20 % der Ausgangsdicke vorkomprimiert und mit einer einseitigen Selbstklebeschicht versehen. Das so vorkomprimierte Fugendichtungsband kann bei nahezu jeder Witterung, also auch bei feuchtem Untergrund und bei niedrigen Außenlufttemperaturen verarbeitet werden (Abb. 5.4).
Temperaturbeständigkeit: $-40\ °C$ bis $+90\ °C$

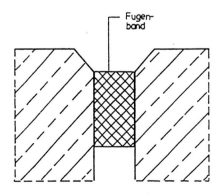

Abb. 5.4: Abdichtungsprinzip mit vorkomprimierten Fugendichtungsband

KATALOG AUSSENWAND	Seite 89	**M**
Instandsetzung und Modernisierung		

Für die Funktionsfähigkeit der Fugendichtung ist es notwendig, daß die Fugenbänder in der Regel auf mindestens 20 % ihrer Ausgangsdicke und über ihre gesamte Länge, d.h. an jeder Stelle, komprimiert sein müssen.
Bei den teilweise vorhandenen Fugen mit unterschiedlichen Fugenbreiten und den keilförmig verlaufenden Fugenflanken scheidet eine Fugeninstandsetzung mit vorkomprimierten Bändern aus. Lediglich bei bereichsweiser Fugenschädigung können mit Erfolg vorkomprimierte Fugenbänder eingesetzt werden.

Abdichten von Fugen entsprechend DIN 18 540

In DIN 18 540 werden Anforderungen an die konstruktive Ausbildung der Außenwandfugen gestellt, die bei den vorhandenen Gebäuden (infolge der Randausbildung der Elemente) überwiegend nicht erfüllt werden.
Gefordert wird z.B.:

- Die Fugenflanken müssen 30 mm oder bis zu einer Tiefe von $t = 2b$ (b = Fugenbreite) parallel verlaufen.

- Die Fugenbreiten müssen in Abhängigkeit von der Elementelänge und der Elastizität der Fugendichtstoffe eine bestimmte Mindestbreite haben.

Ausgehend von den tatsächlich gemessenen Fugenbreiten (zwischen 0 bis ca. 9 cm) wird eine Instandsetzung mit Fugendichtstoff entsprechend DIN 18 540 grundsätzlich nicht empfohlen.

KATALOG AUSSENWAND   Seite 90   **M**

Instandsetzung und Modernisierung

5.3 Modernisierung

5.3.1 Übersicht zu Modernisierungsmaßnahmen bei Außenwänden

Eine wirksame Methode, die komplexe Schädigung einer Außenwandkonstruktion (Risse, Betonabplatzungen und undichte Fugen) zu beseitigen und darüber hinaus den Korrosionsfortschritt dauerhaft zu unterbinden, besteht darin, auf die vorhandene Außenwandkonstruktion eine neue wärmedämmende Außenwandbekleidung aufzubringen.

Zwei grundsätzliche Möglichkeiten für die Ausbildung der zusätzlichen wärmedämmenden Maßnahme bestehen:

- vorgehängte, hinterlüftete Außenwandbekleidungen,
- Wärmedämmverbundsysteme (WDVS).

Für die beiden genannten Modernisierungsmaßnahmen sind grundsätzlich folgende Bauplanungsunterlagen vorzulegen:

- Standsicherheitsnachweis mit Ausführungszeichnungen,
- Wärmeschutznachweis,
- Brandschutznachweis,
- ggf. Schallschutznachweis.

5.3.2 Vorgehängte, hinterlüftete Außenwandbekleidung

5.3.2.1 Begriffsbestimmungen

Die für hinterlüftete Außenwandkonstruktionen verwendeten Begriffe sind entsprechend DIN 18 516 Teil 1 in Abb. 5.5 dargestellt.

KATALOG AUSSENWAND Seite 91

Instandsetzung und Modernisierung

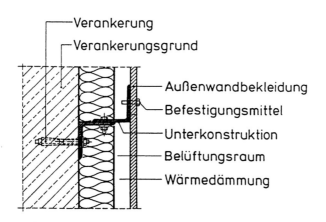

Abb. 5.5: Begriffsbestimmungen entsprechend DIN 18 516

Der Belüftungsraum soll eine Breite von 20 mm - besser 40 mm - aufweisen, die durch Wandunebenheiten o.ä. örtlich bis auf 5 mm verringert werden darf.

5.3.2.2 Standsicherheit

Die Standsicherheit von hinterlüfteten Außenwandkonstruktionen ist entsprechend DIN 18 516 nachzuweisen. Der statische Nachweis beinhaltet:

- Baubeschreibung mit

    (1) Angabe der Materialien für die Außenwandbekleidung und für die Unterkonstruktion
    (2) Angaben zum Verankerungsgrund (Betonfestigkeitsklasse, Betonschichtdicke)
    (3) Angaben zur Befestigung und Verankerung
    (4) Art des Korrosionsschutzes

| KATALOG AUSSENWAND | Seite 92 | **M** |

Instandsetzung und Modernisierung

- Standsicherheitsnachweis für die

  (1) Außenwandbekleidung
  (2) Unterkonstuktion
  (3) Befestigungs- und Verankerungsmittel
  (4) Angaben zum Wärme- und Brandschutz (gegebenenfalls auch zum Schallschutz)

- Ausführungszeichnungen

Außenwandbekleidung

Spröde Bekleidungen (Faserzement, Betonwerkstein, Keramik) müssen nach der Elastizitätstheorie mit dem Konzept zulässiger Spannungen berechnet werden. Bei Außenwandbekleidungen aus duktilen Materialien (z.B. aus Metall o.ä.) kann die Standsicherheit unter Ausnutzung plastischer Tragreserven nachgewiesen werden.
Das statische System, das der Berechnung der Außenwandbekleidungen zugrunde zu legen ist, richtet sich nach der Art der Befestigung: Punkt- oder lochrandgestützte Platte bzw. starre oder nachgiebige Linienlagerung (Abb. 5.6). Für die Bemessung wird auf /14/ verwiesen.

Es ist insbesondere auf eine weitgehend zwängungsfreie Befestigung der Außenwandbekleidungen auf der Unterkonstuktion zu achten, damit die sonst entstehenden Zwangsspannugen nicht zu Schäden im Bereich der Außenwandbekleidungen (Verwölbungen, Eckabrisse) oder zu Schäden im Bereich der Unterkonstuktion führen.

Für Außenwandbekleidungen aus kleinformatigen Platten (A < 0,4 m^2), Verbretterungen und Metallbekleidungen in Stehfalzdeckung, die nach anerkannten und bewährten Handwerksregeln hergestellt werden, werden keine Bauvorlagen gefordert.

KATALOG AUSSENWAND   Seite 93

Instandsetzung und Modernisierung

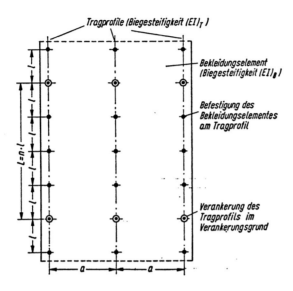

Abb. 5.6: Großformatiges Bekleidungselement (Platte) mit
Bezeichnungen /15/

Unterkonstruktion

Beim Nachweis der Unterkonstruktion ist deren Biegefestigkeit zu berücksichtigen, weil diese Einfluß auf die Größe der Befestigungskräfte und auf die Schnittgröße der Außenwandbekleidung besitzt /14 und 15/.
Die Außenwandbekleidungen dürfen über der Unterkonstruktion gestoßen werden. Sie dürfen aber nicht über Stöße in der Unterkonstruktion hinweggeführt werden: Stöße in der Unterkonstruktion müssen auch in der Außenwandbekleidung vorhanden sein.
Die Unterkonstruktion ist mit einem Festlager und einem oder mehreren Gleitlagern auszubilden. Nach Möglichkeit sind die Träger der Unterkonstruktion nicht über die Fugen der Außenwände hinweg zu führen, da z.B. auch die Wetterschutzschichten von Dreischichtenplatten sich trotz der aufgebrachten Wärmedämmung infolge von Temperaturänderungen verformen.

| KATALOG AUSSENWAND | Seite 94 | **M** |

Instandsetzung und Modernisierung

Die Unterkonstruktion wird am Bauwerk verankert. Die Verankerung geschieht entweder direkt in der Außenwand oder es werden spezielle Abstandshalter verwendet, die es gleichzeitig ermöglichen, einen gewissen Toleranzausgleich - wegen der Maßabweichungen der Außenwände - vorzunehmen (Abb. 5.7).

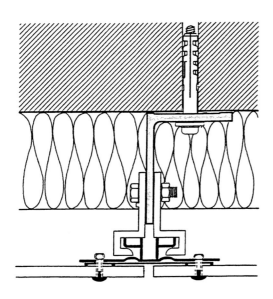

Abb. 5.7: Unterkonstruktion mit Möglichkeiten des Toleranzausgleiches (System Protector)

Verankerung

Bezüglich der Verankerung der Unterkonstruktion wird auf Abschnitt 5.3.4 verwiesen.

5.3.2.3 Wärmeschutz

Der Nachweis des Wärmeschutzes ist entsprechend der Wärmeschutzverordnung und DIN 4108 zu führen.

KATALOG AUSSENWAND Seite 95

Instandsetzung und Modernisierung

Um den geplanten Wärmeschutz zu realisieren, ist es erforderlich, daß die Wärmedämmstoffe nicht von der Luft hinterströmt werden und daß insbesondere die Mineralfaserdämmstoffe hinreichend luftdicht sind. Zur Vermeidung des Hinterströmens ist es erforderlich, die Dämmplatten dicht zu stoßen und am Untergrund zu verkleben (mit an den Plattenrändern umlaufendem Klebewulst). Die hinreichende Luftdichtigkeit der Mineralfaserdämmstoffe ist gegeben, wenn bei entsprechender Dicke des Dämmstoffes eine Mindestdichte der Mineralfaserdämmstoffe entsprechend Abb. 5.8 eingehalten wird /16/.

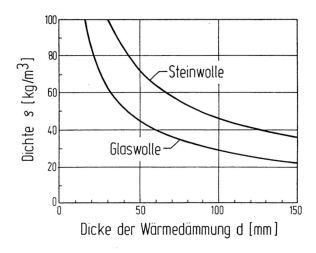

Abb. 5.8: Empfohlene Dichte von Mineralfaserdämmstoffen für hinterlüftete Außenwandkonstruktionen in Abhängigkeit von der Dicke der Dämmstoffe /16/

Um während des Montagezustandes - insbesondere bei längeren Arbeitsunterbrechungen - eine hinreichende Dauerhaftigkeit der mineralischen Wärmedämmplatten zu erreichen und auch um ein "Abwittern" einzelner Fasern - insbesondere im Bereich offener Fugen - zu vermeiden, wird empfohlen, grundsätzlich Mineralfaserdämmstoffe mit außenseitiger Glasvlieskaschierung zu verwenden.

KATALOG AUSSENWAND   Seite 96

Instandsetzung und Modernisierung

Die Befestigungsmittel für die Wärmedämmstoffe sowie für die Verankerung der Unterkonstruktionen stellen Wärmebrücken dar, die in der Regel vernachlässigt werden können.

In Abb. 5.9 ist der Einfluß einer hölzernen Unterkonstruktion auf die Minderung des Wärmedurchlaßwiderstandes angegeben. Zusammenfassend wird empfohlen, den Einfluß der durch die Befestigungsmittel bzw. Verankerungen bedingten Wärmebrücken pauschal durch eine 5 %ige Minderung des Wärmedurchlaßwiderstandes zu erfassen, soweit kein genauer Nachweis geführt wird.

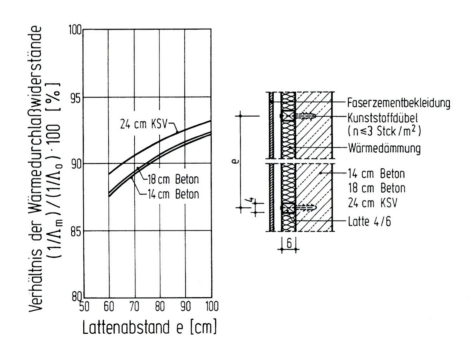

Abb. 5.9   Verhältnis des mittleren Wärmedurchlaßwiderstandes $1/\Lambda_m$ zum Wärmedurchlaßwiderstand der Wand ohne Wärmebrücke $1/\Lambda_o$

Der Einfluß der Unterkonstruktion und der Verankerungen auf den Temperaturverlauf an der Wandoberfläche ist im Rauminneren vernachlässigbar: Gegenüber einer "ungestörten" Wand beträgt die maximale Temperaturdifferenz ≤ 1 K.

KATALOG AUSSENWAND	Seite 97	**M**
Instandsetzung und Modernisierung		

5.3.2.4 Witterungsschutz im Bereich von offenen Fugen

Die Fugen zwischen hinterlüfteten Außenwandbekleidungselementen können offen ausgeführt werden. Systematische Untersuchungen an offenen Fugen haben gezeigt /17/, daß die Fugenbreite im Hinblick auf den Witterungsschutz nicht breiter als 10 mm sein soll.
Der Abstand der Außenwandbekleidung zur Wärmedämmung sollte 20 bis 40 mm betragen. Der Einfluß der Dicke der Außenwandbekleidung (d = 4 bis 50 mm) auf die Menge des in den Belüftungsspalt eindringenden Niederschlages ist von zu vernachlässigender Größenordnung. Es werden allenfalls entlang der Fugen auf einer Breite von ca. 3 bis 4 cm und auf einer Tiefe von ca. 1 mm die hydrophobierten Mineralfaserdämmstoffe durchfeuchtet. Die Durchfeuchtung wird aber nach Beendigung der Regenperiode durch die zirkulierende Luft in dem Belüftungsspalt wieder nach außen abgeführt, so daß die Mineralfaserdämmplatten austrocknen. Eine Minderung des Wärmeschutzes ist zu vernachlässigen.
Wichtig ist, daß die Mineralfaserdämmstoffe entsprechend Abb. 5.8 ausgeführt werden und außenseitig eine Glasvlieskaschierung erhalten.

5.3.2.5 Brandschutz

Die erforderliche Feuerwiderstandsdauer von Außenwänden richtet sich im wesentlichen nach dem Verwendungszweck des Gebäudes (Wohngebäude, Warenhäuser o.ä.) und nach der Geschoßanzahl.

Es sind die zum Zeitpunkt der Modernisierung geltenden Vorschriften einzuhalten. Das sind im wesentlichen die Bauordnungen der Länder sowie die Technischen Baubestimmungen, insbesondere DIN 4102. Außerdem sind die "Richtlinie für die Verwendung brennbarer Baustoffe im Hochbau" und die "Richtlinie über den Bau und Betrieb von Hochhäusern" zu beachten.

KATALOG AUSSENWAND	Seite 98	**M**
Instandsetzung und Modernisierung		

Zur Orientierung gilt die Tabelle 5.3.

Tab. 5.3: Erforderliche Baustoffklassen für Außenwandbekleidungen

Bauteil	Erforderliche Baustoffklasse nach DIN 4102			
	n = 1 Geschoß	n ≤ 2 Geschosse	n > 2 Geschosse, < Hochhäuser	Hochhäuser
Außenwand-bekleidung	B 2	B 2 [1]	B 1	A [2]
Unter-konstruktion	B 2	B 2	B 1	B 1
Wärmedämmung	B 2	B 1	B 1	A
Verankerungs-elemente [3]	A	A	A	A

[1] Wenn Brandausbreitung auf andere Gebäude/Brandabschnitt verhindert wird. - Keine Baustoffe, die brennend abfallen oder abtropfen.

[2] Baustoffe der Klasse B 1 bei Wänden ohne Öffnungen (Ausnahme im Bereich von Sicherheitstreppenräumen)

[3] Gilt nicht für Halteelemente von Dämmschichten und Dübel

5.3.2.6 Schallschutz

Die Anforderungen an den Schallschutz von Außenbauteilen richten sich nach DIN 4109.

Der Einfluß von hinterlüfteten Außenwandbekleidungen ist systematisch noch nicht untersucht worden, wenn auch davon ausgegangen werden kann, daß selbst hinterlüftete Außenwandbekleidungen mit offenen Fugen auf das schalltechnische Verhalten der Außenwände verbessernd wirken (siehe Abb. 5.10).

KATALOG AUSSENWAND	Seite 99	
Instandsetzung und Modernisierung		

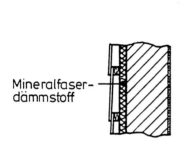

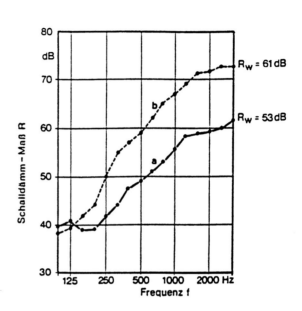

Abb. 5.10: Verbesserung des Schallschutzes einer Außenwand durch eine Außenwandbekleidung /18/

    a   24 cm HLZ ohne Außenwandbekleidung
    b   24 cm HLZ mit Außenwandbekleidung
        (Eternit-Colorit 2000)

Bei der Ausbildung von hinterlüfteten Außenwandbekleidungen ist dem möglichen Auftreten von Störgeräuschen Beachtung zu schenken:

- Außenwandbekleidungen - z.B. aus Aluminium - können bei thermisch bedingten Ausdehnungen Reibgeräusche auf den Befestigungsmitteln erzeugen (Abb. 5.11), so daß Kunststoffummantelungen auf den Verankerungen zweckmäßig sind.

- Bei Außenwandbekleidungen aus Betonwerksteinplatten, deren Ränder im Bereich der Fugen verfalzt ausgeführt sind, können bei bestimmten Richtungen der Luftanströmung "Pfeifgeräusche" entstehen.

KATALOG AUSSENWAND   Seite 100

Instandsetzung und Modernisierung

M

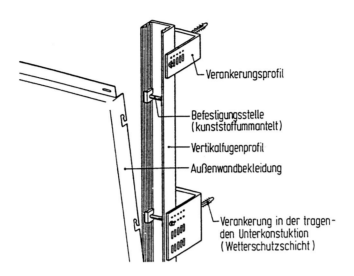

Abb. 5.11: Befestigung einer Außenwandbekleidung aus Aluminium an der Unterkonstruktion

5.3.2.7 Gebrauchstauglichkeit

Korrosionsschutz

Unter Berücksichtigung der klimatischen Randbedingungen im Belüftungsspalt sind die Unterkonstruktionen aus Stahl mit einem Korrosionsschutz entsprechend DIN 18 516 auszuführen. Die Schnitt- und Bearbeitungskanten der stählernen Bauteile müssen ebenfalls entsprechend geschützt werden.

Für die Verbindung der Bekleidungselemente mit der Unterkonstruktion müssen nichtrostende Befestigungsmittel (z.B. nichtrostender Stahl, Aluminium oder Kupfer) verwendet werden. Ein Korrosionsschutz durch Verzinkung o.ä. reicht nicht aus.

Die Verankerungen im Bereich der tragenden Wände (Dübel) müssen ebenfalls aus nichtrostenden Stählen bestehen. Verzinkte Dübel reichen nach heutiger Erkenntnis nicht aus.

KATALOG AUSSENWAND   Seite 101

Instandsetzung und Modernisierung

M

Stoßfestigkeit

Unter Berücksichtigung der Nutzungsanforderungen sollten zumindest im Bereich des Erdgeschosses (bis mindestens 2,0 m über Oberfläche Gelände) die Außenwandbekleidungen hinreichend stoßfest sein (Anlehnen von Fahrrädern, aufprallende Bälle o.ä.).

Austrocknungsverhalten der Außenwandkonstruktionen

In /19/ wurde gezeigt, daß durch das nachträgliche Aufbringen einer wärmedämmenden Maßnahme auf die Wetterschutzschicht einer Dreischichtenplatte eine Korrosion der Bewehrung im Beton wirksam unterbunden werden kann, weil durch die wärmedämmende Maßnahme die direkte Bewitterung der Außenwand ausgeschlossen wird. Ist jedoch die Wetterschutzschicht durch Witterungseinflüsse durchfeuchtet, so sollte innerhalb kurzer Zeit die Wetterschutzschicht austrocknen können, damit durch die im Beton vorhandene Feuchte der Korrosionsfortschritt nicht über eine unzulässig lange Zeit weiter voranschreiten kann.

In Abb. 5.12 ist das Austrocknungsverhalten einer Betonsandwichwand (Dreischichtenplatte) im Bereich der Vorsatzschale in Abhängigkeit unterschiedlicher, nachträglich aufgebrachter wärmedämmender Maßnahmen dargestellt. Wenn die Wärmedämmung aufgebracht wird, um den Korrosionsfortschritt der in der Vorsatzschale liegenden Bewehrung dadurch zu unterbinden, damit die relative Luftfeuchte im Beton unterhalb eines kritischen Wertes von $\varphi = 80\ \%$ absinkt, so ist ersichtlich, daß nachträglich aufgebrachte hinterlüftete Außenwandbekleidungen sich besonders günstig verhalten. Weitgehend dampfdichte Bekleidungen (wie z.B. einige Wärmedämmverbundsysteme) verzögern hingegen die wirksame Austrocknung über Monate bzw. Jahre, so daß ein Korrosionsschutz nicht oder nur bedingt erreicht wird.

KATALOG AUSSENWAND

Seite 102 — M

Instandsetzung und Modernisierung

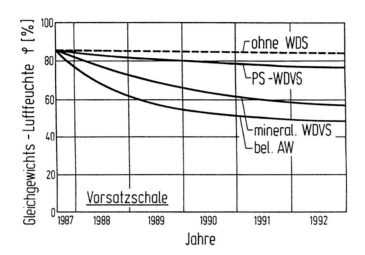

Abb. 5.12: Austrocknungsverhalten der Vorsatzschale einer Betonsandwichwand mit nachträglich aufgebrachten wärmedämmenden Maßnahmen

WDS	Wärmedämmsystem
PS-WDVS	Wärmedämmverbundsystem aus Polystyrolplatten mit Kunstharzputz
mineral. WDVS	Wärmedämmverbundsystem mit Mineralfaserdämmplatten und mineralischem Putz
bel. AW	hinterlüftete Außenwandbekleidung

5.3.3 Wärmedämmverbundsystem (WDVS)

5.3.3.1 Übersicht

Wärmedämmverbundsysteme sind Außenwandbekleidungen, die aus einer Wärmedämmschicht und einer unmittelbar darauf aufgebrachter Putzschicht bestehen. Die Dämmschicht wird mit dem Untergrund verklebt, mechanisch verankert bzw. verklebt und mit Dübeln mechanisch verankert (siehe Abb. 5.13). Die Art der Befestigung ist abhängig von der Gebäudehöhe, den Eigenlasten des Wärmedämmverbundsystems, der verwendeten Dämmstoffe und der Putze sowie der Art und Festigkeit des Untergrundes.

Als Wärmedämmstoffe werden in der Regel expandiertes Polystyrol nach DIN 18 164 und Mineralfaserdämmstoffe (Typ WD nach DIN 18 165) verwendet, aber auch z.B. Mehrschicht-Leichtbauplatten nach DIN 1101 und 1102.

KATALOG AUSSENWAND   Seite 103

Instandsetzung und Modernisierung

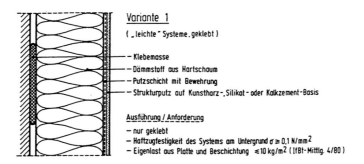

Variante 1
("leichte" Systeme, geklebt)

- Klebemasse
- Dämmstoff aus Hartschaum
- Putzschicht mit Bewehrung
- Strukturputz auf Kunstharz-, Silikat- oder Kalkzement-Basis

Ausführung / Anforderung
- nur geklebt
- Haftzugfestigkeit des Systems am Untergrund $\sigma \geq 0{,}1\ N/mm^2$
- Eigenlast aus Platte und Beschichtung $\leq 10\ kg/m^2$ (IfBt-Mittlg. 4/80)

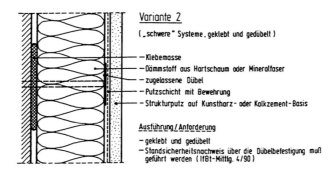

Variante 2
("schwere" Systeme, geklebt und gedübelt)

- Klebemasse
- Dämmstoff aus Hartschaum oder Mineralfaser
- zugelassene Dübel
- Putzschicht mit Bewehrung
- Strukturputz auf Kunstharz- oder Kalkzement-Basis

Ausführung / Anforderung
- geklebt und gedübelt
- Standsicherheitsnachweis über die Dübelbefestigung muß geführt werden (IfBt-Mittlg. 4/90)

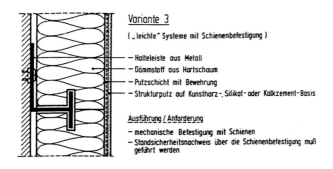

Variante 3
("leichte" Systeme mit Schienenbefestigung)

- Halteleiste aus Metall
- Dämmstoff aus Hartschaum
- Putzschicht mit Bewehrung
- Strukturputz auf Kunstharz-, Silikat- oder Kalkzement-Basis

Ausführung / Anforderung
- mechanische Befestigung mit Schienen
- Standsicherheitsnachweis über die Schienenbefestigung muß geführt werden

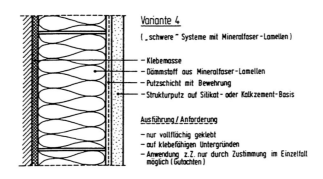

Variante 4
("schwere" Systeme mit Mineralfaser-Lamellen)

- Klebemasse
- Dämmstoff aus Mineralfaser-Lamellen
- Putzschicht mit Bewehrung
- Strukturputz auf Silikat- oder Kalkzement-Basis

Ausführung / Anforderung
- nur vollflächig geklebt
- auf klebefähigen Untergründen
- Anwendung z.Z. nur durch Zustimmung im Einzelfall möglich (Gutachten)

Abb. 5.13:   Wärmedämmverbundsysteme - Übersicht

KATALOG AUSSENWAND	Seite 104	M
Instandsetzung und Modernisierung		

Wärmedämmverbundsysteme sind zur Zeit weder genormt noch bauaufsichtlich zugelassen. In Zukunft wird mit der Umsetzung der Bauproduktenrichtlinie in den neuen Bauordnungen zum Nachweis der Brauchbarkeit und Verwendbarkeit die Erteilung von allgemeinen bauaufsichtlichen Zulassungen für Wärmedämmverbundsysteme erforderlich, die künftig die Prüfbescheide für das Brandverhalten ersetzen. In diesen Zulassungen sollen auch die Fragen der Standsicherheit, der Dauerhaftigkeit und der Gebrauchstauglichkeit geregelt werden.

5.3.3.2 Standsicherheit

<u>Kunstharzbeschichtete Wärmedämmverbundsysteme</u>

Kunstharzbeschichtete Wärmedämmverbundsysteme bestehen aus Hartschaumkunststoffen nach DIN 18 164, die mit Kleber oder modifiziertem Mörtel auf mineralischen Untergrund geklebt werden und die auf der Außenseite einen Witterungsschutz durch einen mit Fasergewebe bewehrten Kunstharzmörtel oder modifizierten Kunstharzmörtel erhalten. Nach /20/ ist es erforderlich, ein Prüfzeugnis vorzulegen, mit dem nachgewiesen wird, daß die Haftfestigkeit des Wärmedämmverbundsystemes am Untergrund, auch wenn dieser durchfeuchtet ist, mindestens 0,1 N/mm^2 (= Mindestzugfestigkeit des Schaumkunststoffes) beträgt. Eines weiteren Nachweises der Standsicherheit bedarf es bei diesem Wärmedämmverbundsystem nicht.

<u>Wärmedämmverbundsysteme mit Mineralfaserdämmstoffen und mineralischem Putz</u>

In /21/ sind für Wärmedämmverbundsysteme mit Mineralfaserdämmstoffen und mineralischem Putz vereinfachte Regelungen für den Nachweis der Standsicherheit für Gebäude bis zu 20 m Höhe angegeben.

KATALOG AUSSENWAND   Seite 105

Instandsetzung und Modernisierung

M

Danach ist es erforderlich, die Wärmedämmplatten mit 40 % ihrer Grundfläche auf den Untergrund aufzukleben und zusätzlich mit Dübeln zu befestigen. Die Dübelanzahl je m² Wandfläche ist in Abhängigkeit von der Windsogbeanspruchung (Normal- und Randbereich) und der Systemart (Bewehrungsgewebe vom Dübelkopf gehalten bzw. nicht gehalten) vorgeschrieben (Vgl. Tab. 5.4).

Tab. 5.4: Windsoglasten je Dübel bei $h \leq 20$ m /21/

$h \leq 20$ m $q = 0{,}8$ kN/m²		Soglast w_s (kN/m²)	Dübel je m²		Last je Dübel (kN)	
			Gewebe		Gewebe	
			gehalten	nicht gehalten	gehalten	nicht gehalten
Normalbereich	allgemein	0,40	4	5	0,10	0,08
	turmartig	0,56	4	5	0,14	0,11
Randbereich		1,60	8	12	0,20	0,13

Die nach Gebäudehöhe gestaffelten Anforderungen an den Standsicherheitsnachweis sollen nicht an einem Gebäude "gemischt" angewendet werden: z.B. bis 8 m Dübel ohne bauaufsichtliche Zulassung und über 8 m nur zuglassene Dübel.
Für Gebäudehöhen über 20 m ist z.B. nach /22/ die erforderliche Anzahl der Dübel zu bemessen.

Werden Wärmedämmverbundsysteme nachträglich, z.B. auf Dreischichtenplatten aufgebracht, so haben Messungen gezeigt, daß die Wetterschutzschichten sich infolge bestehender Temperaturänderungen - wenn auch nur in geringem Ausmaß - verformen. Die an den Plattenrändern sich einstellenden Veränderungen der Fugenbreite führen zu einer Zwangsbeanspruchung in den Wärmedämmver-

KATALOG AUSSENWAND Seite 106

Instandsetzung und Modernisierung

bundsystemen. Zur Zeit werden an verschiedenen Instituten Forschungsarbeiten durchgeführt, um einerseits die entstehenden Fugenbreitenänderungen zu messen und um andererseits die maximal von den Wärmedämmverbundsystemen aufnehmbaren Verformungen (Zwangsbeanspruchungen) zu ermitteln. Die Ergebnisse werden in Kürze veröffentlicht werden.

5.3.3.3 Wärmeschutz

Der Wärmeschutznachweis ist unter Berücksichtigung der Wärmeschutzverordnung und DIN 4108 zu führen.

Bei der Befestigung der Mineralfaserplatten werden Dübel verwendet. Diese Dübel stellen Wärmebrücken dar. Der Einfluß der Wärmebrücken auf den Wärmedurchlaßwiderstand des Wärmedämmverbundsystemes ist in Abb. 5.14 angegeben.

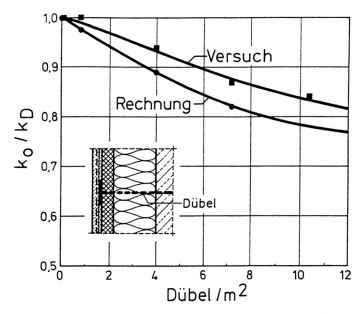

k_o = Wärmedurchgangskoeffizient <u>ohne</u> Dübel
k_D = Wärmedurchgangskoeffizient <u>mit</u> Dübel

Abb. 5.14: Verhältnis des Wärmedurchgangskoeffizienten eines WDVS ohne Dübel zu einem WDVS mit Dübel

KATALOG AUSSENWAND	Seite 107	M
Instandsetzung und Modernisierung		

5.3.3.4 Brandschutz

Der Nachweis des Brandschutzes erfolgt nach den jeweils gültigen Landesbauordnungen in Verbindung mit der Richtlinie für die Verwendung brennbarer Baustoffe im Hochbau (1978). Im allgemeinen gelten folgende Anforderungen:

- Eingeschossige Gebäude: keine Anforderungen.

- Bei Gebäuden bis zu 2 Vollgeschossen - auch mit ausgebautem Dachraum - können Außenwandbekleidungen aus normalentflammbaren Baustoffen (Klasse B 2) gestattet werden, wenn eine Brandausbreitung auf andere Gebäude oder Brandabschnitte verhindert wird.

- Bei Gebäuden mit mehr als 2 Vollgeschossen - außer bei Hochhäusern - müssen die Wärmedämmstoffe aus mindestens schwerentflammbaren Baustoffen (Klasse B 1) bestehen.

- Bei Hochhäusern müssen die Wärmedämmstoffe aus nichtbrennbaren Baustoffen (Klasse A) bestehen.

5.3.3.5 Schallschutz

Die Anforderungen an den Schallschutz der Außenbauteile sind in DIN 4109 aufgeführt. Sie sind im wesentlichen von dem vorhandenen Außenlärmpegel abhängig. Während die Schalldämmung bei einschaligen Außenbauteilen durch die Masse der Wand bestimmt wird, sind bei der Anordnung von Wärmedämmverbundsystemen auf Wandkonstruktionen zusätzliche Resonanzeffekte zu beachten. Diesbezügliche Messungen wurden u.a. von Rückward /23/ durchgeführt. In Tab. 5.5 sind die Ergebnisse zusammengestellt.

KATALOG AUSSENWAND   Seite 108

Instandsetzung und Modernisierung

M

Tab. 5.5: Änderungen der bewerteten Schalldämmaße von einschaligen Wänden durch Wärmedämmverbundsysteme nach /23/

Wandart	Wanddicke in cm	Dämm-material	Putz Masse: kg/m²	ΔR_w in dB +	ΔR_w in dB -
Porenbeton (Gasbeton)	25	MF PS		- -	2 6
Leichtziegel	24	MF PS	≈ 7	- -	5 6
Kalksandstein KSV	24	MF PS		- -	6 5
Porenbeton (Gasbeton)	25	MF PS	≈ 20 ≈ 24	3 -	- 5
Kalksandstein KSV	24	MF MF PS	≈ 20 ≈ 33 ≈ 22	0 6 -	0 - 6
Kalksandstein KSV	24	Dämm-putz 6 cm		0	0

Es bedeuten:

ΔR_W Änderung der bewerteten Schalldämmaße R_W zwischen einer Wand mit WDVS gegenüber einer Wand ohne WDVS
       (-: Verringerung von R_W +: Verbesserung von R_W)

MF   Mineralfaserplatten mit s' = 12 MN/m³

PS   Polystyrolhartschaumplatten mit s' = 120 MN/m³

s'   dynamische Steifigkeit

KATALOG AUSSENWAND Seite 109

Instandsetzung und Modernisierung

5.3.4 Verankerung von hinterlüfteten Außenwandbekleidungen und Wärmedämmverbundsystemen

5.3.4.1 Voruntersuchungen

Bei der Planung von Modernisierungsmaßnahmen im Bereich der Außenwände ist grundsätzlich eine sorgfältige Ermittlung des Istzustandes der Außenwandelemente erforderlich. Wesentlich ist dabei auch die Bestimmung der Dicke und Druckfestigkeit der Betonschichten. - Die für die Verankerung vorgesehenen Untergründe sind entsprechend den bauaufsichtlichen Zulassungen der Verankerungsmittel zu klassifizieren (siehe Anlage).

Bei der Ermittlung der Verankerungstiefe sind Besplittungs- und Bekiesungsschichten, Putze, Fliesen und ähnliche Bekleidungen nicht mitzurechnen.

Für die Verankerung in Wetterschutzschichten von dreischichtigen Außenwandplatten gilt eine Mindestbauteildicke von d = 4 cm.

Für Verankerungen in haufwerksporigen Leicht- und Porenbeton nach TGL werden gesonderte bauaufsichtliche Zulassungen für bereits geregelte Dübel erteilt werden. Bis zum Vorliegen dieser Zulassungen sind die Bauplanungsunterlagen mit Zustimmung im Einzelfall zu erwirken.

5.3.4.2 Verankerungen in dreischichtigen Außenwänden

Dreischichtige Außenwände weisen häufig folgende typische Schäden auf: Risse in den Wetterschutzschichten, zu geringe Dicken der Wetterschutzschichten, unzureichende Betondeckung, stark streuende Betonfestigkeiten, absandende Oberflächen, Wärmebrücken und undichte Fugen.

KATALOG AUSSENWAND	Seite 110
Instandsetzung und Modernisierung	

Weiterhin wird häufig angezweifelt, ob die stählernen Anker zwischen Wetterschutzschicht und dem tragenden Beton aus nichtrostendem Stahl (Edelstahl) bestehen und ob diese Anker planmäßig und in ausreichender Anzahl eingebaut worden sind.

Im Rahmen der Instandsetzung der Außenwände bestehen folgende Fragen:

- Sind die vorhandenen Außenwandkonstruktionen als hinreichend standsicher zu beurteilen?

- Müssen zusätzliche Verankerungen der Wetterschutzschichten erfolgen?

- Ist die Standsicherheit noch gegeben, wenn zusätzlich auf die Wetterschutzschicht eine wärmedämmende Maßnahme an angebracht wird?

- Dürfen die für die Befestigung von hinterlüfteten Außenwandbekleidungen oder Wärmedämmverbundsystemen erforderlichen Dübel ausschließlich in der Wetterschutzschicht verankert werden?

- Wie soll eine zusätzliche Sicherung der Wetterschutzschicht erfolgen, wenn dies zusätzlich erforderlich sein sollte?

In /24/ sind zu der aufgeworfenen Problematik grundlegende Untersuchungen mit folgendem Ergebnis durchgeführt worden:

(1) Bei einer stichprobenartigen Untersuchung von Außenwänden in mehreren Siedlungen, die von unterschiedlichen Werken hergestellt wurden, ist nachgewiesen worden, daß

  (a) die Traganker weitgehend ==an den geplanten Stellen== eingebaut worden sind (siehe Abb. 4.1, Seite 58)

  (b) die Traganker ==grundsätzlich aus nichtrostendem Stahl== (Edelstahl) bestehen.

KATALOG AUSSENWAND Seite 111	**M**
Instandsetzung und Modernisierung	

(2) Das Tragverhalten der Wetterschutzschichten einschließlich der Verankerung wurde mit einem Finite-Elemente-Programm (ADINA 6) nachvollzogen. Die Genauigkeit der Elementierung und der Berechnungsergebnisse wurde durch einen Tragfähigkeitsversuch bestätigt. - Darüber hinaus ist durch Belastungsversuche an bestehenden Gebäuden nachgewiesen worden, daß die geplante Verankerung der Wetterschutzschichten mit hoher Sicherheit gegeben ist /25/.

(3) Durch das nachträgliche Aufbringen von Wärmedämmungen ($g \leq 0,35$ kN/m^2) auf die Wetterschutzschicht wird die **Beanspruchung der Traganker deutlich verringert**, weil der maßgebende Lastfall Temperatur reduziert wird.

Für die Verdübelung der Wärmedämmateralien mit der Wetterschutzschicht sind nur dafür bauaufsichtlich zugelassene Dübel zu verwenden (siehe Anlage).

(4) Durch das Aufbringen einer geeigneten nachträglichen Wärmedämmung auf die Wetterschutzschicht wird möglicherweise bereits im Entstehen begriffene Korrosion gestoppt /19/.

(5) Wenn Zweifel an der ordnungsgemäßen Ausführung der Wetterschutzschichten bestehen (z.B. Dicke d < 40 mm oder Festigkeit < B 15), können

(a) zusätzliche Traganker zur Sicherung der Wetterschutzschicht eingebaut werden. Die dabei möglicherweise entstehenden Zwangsbeanspruchungen sind rechnerisch zu verfolgen. - Für die zusätzliche Verankerung sind nur bauaufsichtlich zugelassene Dübel zu verwenden (siehe Anlage).

(b) Es kann die Verankerung der hinterlüfteten Außenwandbekleidung oder des Wärmedämmverbundsystemes in der Tragschale erfolgen. Dabei sind die Biegebeanspruchungen des Dübels aus Eigenlast und Temperaturänderung der Wetterschutzschale zu berücksichtigen.

Literaturverzeichnis

/1/ Reuschel, M.: Standsicherheitsbeurteilung der Dreischichtenplatten der ehemaligen DDR im Zusammenhang mit anstehender Bauschadenssanierung. Beitrag zur Fachtagung des BMBau "Energieeinsparung und Emissionsminderung bei gleichzeitiger Betoninstandsetzung von Plattenbauten", Dezember 1992, Bonn-Bad Godesberg

/2/ Regeln zur Bemessung und Konstruktion von Elementen des Plattenbaus; Elementegruppe Geschoßaußenwände. Ausgabe 6/87 und 9/89 Katalog EGV, Wohnungs- und Gesellschaftsbauten

/3/ Schießl, P.: Grundlagen zur Neuregelung zur Beschränkung von Rißbreiten. Deutscher Ausschuß für Stahlbeton, Heft 400, Verlag W. Ernst & Sohn, Berlin 1989

/4/ Frank, W.: Zur Frage des thermischen Behagens. Gesundheitsingenieur, 1975

/5/ Cziesielski, E.: Verbesserung durchfeuchteter Außenwände von Blockbauten. Bauzeitung, Heft 1,2 und 3, 1994

/6/ Kohl, I.; Kollosche, I.; Prib, B.: Langzeituntersuchungen zum Korrosionsverhalten des Betons und der Bewehrung sowie zur Lebensdauer von Konstruktionen und Baustoffen des industriellen Wohnungsbaus. Bauakademie, IBSW, Dezember 1990

/7/ Gaudig, H.-J.: Dreischichtige Außenwände der Wohnungsbauserie 70 (WBS 70) - Instandsetzung und Modernisierung -. Messemagazin der Baufachmesse Leipzig (mmi), Oktober 1992

/8/ Richtlinie für Schutz und Instandsetzung von Betonbauteilen des Deutschen Ausschusses für Stahlbeton

Teil 1: Allgemeine Regelungen und Planungsgrundsätze (08/90)

Teil 2: Bauplanung und Bauausführung (08/90)

Teil 3: Qualitätssicherung der Bauausführung (02/91)

Teil 4: Qualitätssicherung der Bauprodukte (11/92)

/9/ Bericht: Anker Thermografie. Firma Barg Baustofflabor GmbH & Co. KG, 17.August 1992

/10/ Deutsche Gesellschaft für zerstörungsfreie Prüfung: Merkblatt für Bewehrungsnachweis und Überdeckungsmessung bei Stahl- und Spannbeton. Merkblatt B 2, April 1990

/11/ Stöckel, F.: Instandsetzung von Betonbauteilen unter besonderer Berücksichtigung der Richtlinien ZTV-SIB. Bautenschutz und Bausanierung, 04/1991

/12/ Abdichtung/Beschichtung, Fugendichtstoffe, Fugenbänder, Werkstoffübersicht, Produktreport. Bausubstanz, Verlag Meininger GmbH, Februar, 1991

/13/ Cziesielski, E.: Instandsetzung von Fugenabdichtungen an Betonfassaden. Element + Bau, 01/89

/14/ Hees, G.; Robert, A.: Vorgehängte Außenwandbekleidungen. Mauerwerk-Kalender 1991, S. 585 - 602. Verlag W. Ernst & Sohn, Berlin

/15/ Zuber, E.: Einfluß nachgiebiger Fassadenunterkonstruktionen auf Bekleidungen und Befestigungen. Mitteilungen des Instituts für Bautechnik, 1979, S. 45 - 50

/16/ Lecompte, J.: The influence of natural convection in an insulated cavity on the thermal performance of a wall. ASTM Symposium on Insulation Materials, Bal Habour, Florida, 1987

/17/ Cziesielski, E.; Maerker, B.: Methode zur Erzeugung eines Schlagregens für die Bauteilprüfung. Forschungsbericht April 1981, Informationsverbund-Zentrum Raum und Bau

/18/ Sälzer, E.; Moll, W.; Wilhelm, H.-U.: Schallschutz elementierter Bauteile. Bauverlag, Wiesbaden, 1979

/19/ Marquardt, H.: Korrosionshemmung in Betonsandwichwänden durch nachträgliche Wärmedämmung. Dissertation an der Technischen Universität Berlin, 1992

/20/ Kunstharzbeschichtete Wärmedämmverbundsysteme. Mitteilungen des Instituts für Bautechnik, 04/1980

/21/ Laternser, K.: Zum Nachweis der Standsicherheit von Wärmedämmverbundsystemen mit Mineralfaser-Dämmstoffen und mineralischem Putz. Mitteilungen des Instituts für Bautechnik, 04/1990

/22/ Cziesielski, E.; Safarowsky, K.-H.: Wärmedämmverbundsysteme. Mauerwerk-Kalender 1990, Verlag W. Ernst & Sohn, Berlin

/23/ Rückward, W.: Luftschalldämmung von WDV-Systemen - leichte und schwere Putze im Vergleich. Bauphysik, 1982, Heft 5

/24/ Cziesielski, E.; Fouad, N.: Beurteilung der Standsicherheit dreischichtiger Außenwände. Betonwerk und Fertigteiltechnik, 1993, Heft 5

/25/ Spaethe, G.: Verbindungen in Plattenbauten - Untersuchungsergebnisse und Schlußfolgerungen. IEMB-Tagung über Außenwände des Platten- und Blockbaus, 15. Juni 1993

/26/ Raupach, M.: Zur chloridinduzierten Makroelementkorrosion von Stahl in Beton. DAfSt - Heft 433, Beuth Verlag GmbH, Berlin 1992

Anlage

Deutsches Institut für Bautechnik - DIBt - Berlin

Auszug aus dem
Verzeichnis der allgemeinen bauaufsichtlichen Zulassungen für Verankerungen und Befestigungen

Stand September 1993

1. Dübel für die Verankerung in Porenbeton
2. Dübel für die Befestigung von Fassadenbekleidungen
3. Dübel für die Befestigung von Wärmedämmverbundsystemen
4. Dübel für die Verankerung in Leichtbeton
5. Dübel für die Verankerung in der Wetterschale von dreischichtigen Außenwandplatten
6. Verankerungen zur Sicherung der Wetterschale von dreischichtigen Außenwandplatten

Anlage Seite 2

1. Dübel für die Verankerung in Porenbeton

Zulassungsgegenstand Antragsteller	Zulassungsnummer (Geschäftszeichen)	Bescheid vom (Z:) Geltungsdauer (G:)

Gasbetondübel HIT-NAIL
  WAKAI GmbH
  Friedrichstr. 47
  60323 Frankfurt/M.
	Z-21.1-897
	(I 22-1.21.1-897)
		Z:09.10.91
		G:31.10.96

fischer-Gasbetondübel GB
mit zugehöriger Spezialschraube
als Befestigungseinheit
  fischerwerke
  Artur Fischer GmbH + Co. KG
  Weinhalde 14-18
  72178 Waldachtal
	Z-21.2-123
	(I 22-1.21.2-123-997)
		Z:05.06.92
		G:30.06.97

Hilit-Gasbeton-Dübel HGS
  Hilti Deutschland GmbH
  Elsenheimer Str. 31
  80687 München
	Z-21.2-235
	(I/21-1.21.2-235)
	(I 25-1.21.2-235-558)
	(I 23-1.21.2-235-981)
		Z:19.01.82
		E+V:20.01.87
		V:08.01.92
		G:31.01.97

MEA-Gasbetondübel
mit zugehöriger Spezialschraube
als Befestigungseinheit
  MEA Meisinger GmbH
  86551 Aichach
	Z-21.2-378
	(I 24-1.21.2-378)
		Z:27.10.88
		G:31.10.93

Fischer-Injections-Anker
Typ FIM in den Größen M8 bis M12
  fischerwerke
  Artur Fischer GmbH + Co. KG
  Weinhalde 14-18
  72178 Waldachtal
	Z-21.3-61
	(I 24-1.21.3-61-749)
		Z:14.11.89
		G:30.11.94

fischer-Rahmendübel Typ S-R, S-R-F, S-H-R
und fischer-Abstandsdübel Typ S-G, S-H-G
mit zugehörigen Spezialschrauben zur
Befestigung von Fassadenbekleidungen
  fischerwerke
  Artur Fischer GmbH + Co. KG
  Weinhalde 14-18
  72178 Waldachtal
	Z-21.2-9
	(I 22-1.21.2-9-892)
	(I 22-1.21.2-9-965)
		Z:02.07.91
		E:26.06.92
		G:31.07.95

Anlage Seite 3

2. Dübel für die Befestigung von Fassadenbekleidungen

Zulassungsgegenstand Antragsteller	Zulassungsnummer (Geschäftszeichen)	Bescheid vom (Z:) Geltungsdauer (G:)
fischer-Rahmendübel Typ S-R, S-R-F, S-H-R und fischer-Abstandsdübel Typ S-G, S-H-G mit zugehörigen Spezialschrauben zur Befestigung von Fassadenbekleidungen fischerwerke Artur Fischer GmbH + Co. KG Weinhalde 14-18 72178 Waldachtal	Z-21.2-9 (I 22-1.21.2-9-892) (I 22-1.21.2-9-965)	Z:02.07.91 E:26.06.92 G:31.07.95
Upat-Fassaden-Dübel Typ UR-Z und ULR mit zugehörigen Spezialschrauben zur Befestigung von Fassadenbekleidungen Upat GmbH & Co. Freiburger Straße 9 79312 Emmendingen	Z-21.2-148 (I 24-1.21.2-148-909)	Z:25.02.91 G:31.07.95
Mungo-Fassaden-Dübel Typ BR 10 und Typ MB 10 mit zugehörigen Spezialschrauben zur Befestigung von Fassadenbekleidungen Mungo Befestigungstechnik GmbH + Co. KG Industriestraße 2 65779 Kelkheim und Mungo Befestigungstechnik AG Bornfeldstraße 2	Z-21.2-177 (I/21-1.21.2-177) (I 24-1.21.2-177-555) (I 24-1.21.2-177-714) (I 22-1.21.2-177-943) (I 22-1.21.2-177-1010)	Z:28.06.82 V:01.07.87 Ä+E:19.06.89 Ä:09.08.91 V:01.07.92 G:30.06.97
Berner Fassaden-Dübel Typ HD 10 und Typ B 10 H mit zugehörigen Spezialschrauben zur Befestigung von Fassadenbekleidungen Albert Berner GmbH & Co. KG Berner Straße 4 74653 Künzelsau	Z-21.2-220 (I/21-1.21.2-220) (I 24-1.21.2-220-584) (I 24-1.21.2-220-712) (I 22-1.21.2-220-1005)	Z:22.06.82 V:01.07.87 Ä+E:19.06.89 V:01.06.92 G:30.06.97
MEA-Fassaden-Dübel Typ HBR 10 und Typ R 10 mit zugehörigen Spezialschrauben zur Befestigung von Fassadenbekleidungen MEA Meisinger GmbH 86551 Aichach	Z-21.2-241 (I 21-1.21.2-241) (I 24-1.21.2-241-716) (I 24-1.21.2-241-842)	Z:05.12.84 Ä+E:19.06.89 V:01.01.90 G:31.12.94

Anlage Seite 4

Zulassungsgegenstand Antragsteller	Zulassungsnummer (Geschäftszeichen)	Bescheid vom (Z:) Geltungs- dauer (G:)

Würth-Rahmendübel
mit zugehörigen Spezialschrauben zur
Befestigung von Fassadenbekleidungen
  Adolf Würth GmbH & Co. KG
  74653 Künzelsau
	Z-21.2-523
	(I 24-1.21.2-523)
	(I 24-1.21.2-523-719)
	(I 21-21.2-523-1143)
		Z:25.04.88
		Ä+E:19.06.89
		V:05.05.93
		G:30.04.98

EJOT-Fassadenschraubdübel Typ SDF
mit zugehörigen Spezialschrauben zur
Befestigung von Fassadenbekleidungen
  EJOT Adolf Böhl GmbH & Co. KG
  Postfach 1260
  Adolf-Böhl-Straße 7
  57319 Bad Berleburg
	Z-21.2-589
	(I 24-1.21.2-589-627)
	(I 24-1.21.2-589-896)
	(I 24-1.21.2-589-952)
		Z:27.04.89
		E:14.01.91
		Ä+E:15.07.91
		G:30.04.94

Hilit-Langschaftdübel Typ HRD-V, HRD-H
und Hilti-Abstandsdübel Typ HAD-V, HAD-H
mit zugehörigen Spezialschrauben zur
Befestigung von Fassadenbekleidungen
  Hilti Deutschland GmbH
  Elsenheimer Str. 31
  80687 München
	Z-21.2-599
	(I 24-1.21.2-599-619)
		Z:13.09.90
		G:30.04.94

Bierbach-Fassadendübel
mit zugehörigen Spezialschrauben zur
Befestigung von Fassadenbekleidungen
  Ernst Bierbach GmbH + Co. KG
  Rudolf-Diesel-Straße 2
  59425 Unna
	Z-21.2-949
	(I 22-1.21.2-949)
		Z:23.12.91
		G:31.12.96

Mächtle-Fassaden-Dübel
mit zugehörigen Spezialschrauben zur
Befestigung von Fassadenbekleidungen
  Mächtle GmbH
  Jahnstraße 4
  70825 Korntal-Münchingen
	Z-21.2-954
	(I 22-1.21.2-954)
		Z:25.08.92
		G:31.08.97

Anlage Seite 5

3. Dübel für die Befestigung von Wärmedämmverbundsystemen

Zulassungsgegenstand Antragsteller	Zulassungsnummer (Geschäftszeichen)	Bescheid vom (Z:) Geltungs- dauer (G:)
EJOT-Schraubdübel mit zugehörigen Spezialschrauben zur Befestigung von Wärmedämmverbundsystemen mit Mineralfaserdämmstoffen und mineralischem Putz EJOT Adolf Böhl GmbH & Co. KG Postfach 1260 Adolf-Böhl-Straße 7 57319 Bad Berleburg	Z-21.2-397 (I 24-1.21.2-397-692) (I 22-1.21.2-397-946)	Z:04.07.89 Ä+E:15.07.91 G:31.07.94
Upat-Fassaden-Dübel Typ UR 10 ZDT und ULR 10 DT mit zugehörigen Spezialschrauben zur Befestigung von Wärmedämmverbundsystemen mit Mineralfaserdämmstoffen und mineralischem Putz Upat GmbH & Co. Freiburger Straße 9 79312 Emmendingen	Z-21.2-703 (I 24-1.21.2-703)	Z:12.09.90 G:30.09.95
Hardo-Schraubdübel Typ PMZ mit zugehörigen Spezialschrauben zur Befestigung von Wärmedämmverbundsystemen mit Mineralfaserdämmstoffen und mineralischem Putz Hardo-Befestigungen GmbH Dieselstraße 4 59823 Arnsberg	Z-21.2-847 (I 24-1.21.2-847) (I 22-1.21.2-847-947) (I 22-1.21.2-847-976)	Z:02.01.91 E:21.06.91 E:16.06.92 G:31.12.95
WÜLFRAtherm-Schraubdübel mit zugehörigen Spezialschrauben zur Befestigung von Wärmedämmverbundsystemen mit Mineralfaserdämmstoffen und mineralischem Putz Wülfrather Zement GmbH Wilhelmstraße 77 42489 Wülfrath	Z-21.2-960 (I 22-1.21.2-960)	Z:22.06.92 G:30.06.97
MARMORIT-Schraubdübel mit zugehörigen Spezialschrauben zur Befestigung von Wärmedämmverbundsystemen mit Mineralfaserdämmstoffen und mineralischem Putz KOCH MARMORIT GmbH Im Ellighofen 79283 Bottschweil	Z-21.2-1121 (I 22-1.21.2-1121)	Z:16.02.93 G:28.02.98

Anlage Seite 6

4. Dübel für die Verankerung in Leichtbeton

Zulassungsgegenstand Antragsteller	Zulassungsnummer (Geschäftszeichen)	Bescheid vom (Z:) Geltungsdauer (G:)
Fischer-Injections-Anker Typ FIM in den Größen M8 bis M12 fischerwerke Artur Fischer GmbH + Co. KG Weinhalde 14-18 72178 Waldachtal siehe Dübel unter Pkt. 2. und 3.	Z-21.3-61 (I 24-1.21.3-61-749)	Z:14.11.89 G:30.11.94

Anlage Seite 7

5. Dübel für die Verankerung in der Wetterschale von dreischichtigen Außenwandplatten

Zulassungsgegenstand Antragsteller	Zulassungsnummer (Geschäftszeichen)	Bescheid vom (Z:) Geltungsdauer (G:)

Hardo-Schraubdübel Typ PMZ 8 mit zugehörigen Spezialschrauben zur Befestigung von Wärmedämmverbundsystemen mit Mineralfaserdämmstoffen und mineralischem Putz in Wetterschalen von dreischichtigen Außenwandplatten
   Hardo-Befestigungen GmbH
   Dieselstraße 4
   59823 Arnsberg
	Z-21.8-1022
	(I 23-1.21.8-1022)
		Z:15.06.93
		G:30.06.98

EJOT-Schraubdübel SD/SDM 8 und SD/SDM 10 mit zugehörigen Spezialschrauben zur Befestigung von Wärmedämmverbundsystemen mit Mineralfaserdämmstoffen und mineralischem Putz in Wetterschalen von dreischichtigen Außenwandplatten
   EJOT Kunststofftechnik GmbH & Co. KG
   Adolf-Böhl-Straße 7
   57319 Bad Berleburg
	Z-21.8-1024
	(I 23-1.21.8-1024)
		Z:15.06.93
		G:30.06.98

Verankerung von Fassadenbekleidungen mit EJOT-Fassadenschraubdübel SDF 8 und SDF 10 und zugehörigen Spezialschrauben in Wetterschalen von dreischichtigen Außenwandplatten
   EJOT Kunststofftechnik GmbH & Co. KG
   Adolf-Böhl-Straße 7
   57319 Bad Berleburg
	Z-21.8-1023
	(I 23-1.21.8-1023)
		Z:25.06.93
		G:30.06.98

Verankerung von Fassadenbekleidungen mit Hilti-Langschaftdübel HRD-H 10 und zugehörigen Spezialschrauben in Wetterschalen von dreischichtigen Außenwandplatten
   Hilti Deutschland GmbH
   Elsenheimer Str. 31
   80687 München
	Z-21.8-1001
	(I 23-1.21.8-1001)
		Z:25.06.93
		G:30.06.98

Verankerung von Fassadenbekleidungen mit Upat-Fassadendübel UR-8 Z und zugehörigen Spezialschrauben in Wetterschalen von dreischichtigen Außenwandplatten
   Upat GmbH & Co.
   Freiburger Straße 9
   79312 Emmendingen
	Z-21.8-1026
	(I 23-1.21.8-1026)
		Z:25.06.93
		G:30.06.98

Anlage Seite 8

6. Verankerungen zur Sicherung der Wetterschale von dreischichtigen Außenwandplatten

Zulassungsgegenstand Antragsteller	Zulassungsnummer (Geschäftszeichen)	Bescheid vom (Z:) Geltungsdauer (G:)

EJOT-Wetterschalensicherung WSS
für dreischichtige Außenwandplatten
  EJOT Kunststofftechnik GmbH & Co. KG
  Adolf-Böhl-Straße 7
  57319 Bad Berleburg-Berghausen
	Z-21.8-1017
	(I 23-1.21.8-1017)
		Z:19.04.93
		G:30.04.98

Hilti-Wetterschalenanker HWB mit
Mörtelpatrone HEA für die Sicherung
der Wetterschale von dreischichtigen
Außenwandplatten
  Hilti Deutschland GmbH
  Elsenheimer Str. 31
  80687 München
	Z-21.8-1018
	(I 23-1.21.8-1018)
		Z:17.06.93
		G:30.06.98

Upat DSP-Vorspannkonsole mit
TOP-Hinterschneid-Anker für die Sicherung
der Wetterschale von dreischichtigen
Außenwandplatten
  Upat GmbH & Co.
  Freiburger Straße 9
  79312 Emmendingen
	Z-21.8-1019
	(I 23-1.21.8-1019)
		Z:03.08.93
		G:31.08.98

fischer-Vorspannkonsole FVK
für die Sicherung der Wetterschale
von dreischichtigen Außenwandplatten
  fischerwerke
  Artur Fischer GmbH + Co. KG
  Weinhalde 14-18
  72178 Waldachtal
	Zulassung in Bearbeitung	